AKADEMIE DER WISSENSCHAFTEN DER DDR

Veröffentlichungen des Forschungsbereichs Geo- und Kosmoswissenschaften

Herausgegeben von Heinz Kautzleben

HEFT 13

Probleme der Ökologie

Vorträge der Tagung des Professorenkolloquiums
des Forschungsbereichs Geo- und Kosmoswissenschaften
am 17. 5. 1985

Mit 34 Abbildungen und 10 Tabellen

AKADEMIE-VERLAG BERLIN
1987

ISBN 3-05-500267-9
ISSN 0138-4600

Erschienen im Akademie-Verlag Berlin, DDR - 1086 Berlin, Leipziger Straße 3—4

Lizenznummer: 202 · 100/437/87
D 38/87
Printed in the German Democratic Republic
Gesamtherstellung: VEB Druckhaus „Maxim Gorki", 7400 Altenburg
LSV 1465
Bestellnummer: 763 675 1 (2156/13)
02200

Inhalt

Vorwort

Die drängenden Probleme des Schutzes unserer Umwelt und ihrer sinnvollen Gestaltung zum Nutzen und zum Wohle der menschlichen Gesellschaft erfassen in stetig wachsendem Umfang einen immer größeren Kreis von Wissenschaftszweigen, die zur tätigen Mitarbeit aufgerufen sind. Die Geowissenschaften sind hierbei besonders stark gefordert, umfaßt doch ihr Arbeitsfeld vorzugsweise eben jene erdoberflächennahen Bereiche von Boden, Hydrosphäre und Atmosphäre, die unsere „Umwelt“ darstellen. Im Rahmen dieser Bemühungen bilden die hier vorgelegten Abhandlungen einen Ausschnitt aus dem umfangreichen Arbeitsprogramm der im Forschungsbereich Geo- und Kosmoswissenschaften zusammengeschlossenen Institute der Akademie der Wissenschaften der DDR. Es sind Vorträge, gehalten von namhaften Vertretern der beteiligten Institute, anläßlich eines „Professoren-Kolloquiums“ vom 17. Mai 1985, die teils einen zusammenfassenden Überblick über Ergebnisse größerer Forschungsvorhaben geben, teils wissenschafts- und gesellschaftsstrategische Überlegungen für künftige Arbeiten bieten. Um den Inhalt dieser Vorträge auch einem größeren Interessentenkreis zugängig zu machen, haben Herausgeber und Verlag sich zu deren Veröffentlichung entschlossen und hoffen, damit einen weiteren Mosaikstein zur Lösung der vielgestaltigen Fragen der Umweltgestaltung und des Umweltschutzes in der DDR beizutragen.

Prof. Dr. H. Kautzleben
Leiter des Forschungsbereiches
Geo- und Kosmoswissenschaften
der AdW

Aspekte der mittleren Atmosphäre im Problem der anthropogenen und exogenen Klimabeeinflussung

J. Taubenheim

Zusammenfassung: Die Auswirkungen äußerer Klimafaktoren (anthropogene CO_2-Zunahme, vulkanische Aerosolerhöhungen, Sonnenaktivität) auf die untere (0—10 km) und die mittlere Atmosphäre (10—85 km) werden anhand gegenwärtig verfügbarer Modellergebnisse und Beobachtungsdaten einander gegenübergestellt, und daraus wird die Bedeutung der mittleren Atmosphäre als Indikator zur frühzeitigen Erkennung und Diagnose von globalen Klimaänderungen eingeschätzt.

1. Wirkungen äußerer Klimafaktoren auf die Atmosphäre

Die globalen Klimabedingungen sind durch die solare Strahlungszufuhr im elektromagnetischen Spektrum mit der Solarkonstante von 1371 W m^{-2} festgelegt, die (abzüglich der Albedo) an die Atmosphäre und an die feste und flüssige Erdoberfläche ständig etwa 10^{17} Watt liefert. Dieser Wert übertrifft die gesamte gegenwärtige anthropogene Energieerzeugung von etwa 10^{13} W (Kellogg, 1980), den geothermischen Tiefenstrom von etwa $3 \cdot 10^{13}$ W (Bernhardt und Kortüm, 1976) und den Energieumsatz bei magnetosphärischen Stürmen von etwa 10^{12} W (Willis, 1976) um mehrere Größenordnungen. Auch die bei einem Kernwaffeneinsatz mit 10000 Mt TNT-Äquivalent freigesetzte Energiemenge von etwa $4 \cdot 10^{19}$ J bleibt um mehr als 2 Größenordnungen hinter der im Zeitraum eines Tages zugeführten solaren Strahlungsenergie zurück. Anthropogene oder andere Energiezufuhren als solche können daher als äußere Faktoren höchstens für das lokale, nicht aber für das globale Klima eine Rolle spielen. Als Mechanismen für äußere Einwirkungen auf das globale Klima kommen vielmehr nur solche Prozesse in Betracht, bei denen der Umsatz der solaren Strahlungsenergiezufuhr in Wärme hinsichtlich seiner räumlich-zeitlichen Verteilung in der Atmosphäre verändert wird.

Für die gesellschaftlich und ökonomisch relevanten Zeitskalen von Klimavariationen zwischen 10^0 und 10^2 Jahren kann dies entweder durch Variationen des von der Sonne ausgesandten Strahlungsflusses (im Zusammenhang mit der Sonnenaktivität) geschehen oder durch Veränderungen der spektralen Strahlungsbilanzen der verschiedenen Stockwerke des Systems Erde—Atmosphäre, wie sie durch eine Einbringung strahlungsaktiver Bestandteile in das atmosphärische Gas bewirkt werden, z. B. vom anthropogenen CO_2-Zuwachs und vom Ausstoß sulfatischer Aerosole bei Vulkanausbrüchen.

Diese Prozesse beeinflussen primär zunächst das Temperaturfeld. Die dabei aufgebauten Druckgradienten, vor allem in meridionaler (Nord-Süd-) Richtung, bedingen dann eine sekundäre Auswirkung auf das Windfeld, wobei im einfachsten Fall einer bezüglich der Erdachse rotationssymmetrischen Zirkulation die Zunahme der zonalen (Ost-West-) Windgeschwindigkeit u mit der Höhe durch den meridionalen Temperaturgradienten gemäß der thermischen Windgleichung

$$\frac{\partial u}{\partial z} = -\frac{g}{2\omega_E \sin \varphi} \frac{1}{T} \frac{\partial T}{\partial y} \tag{1}$$

bestimmt wird. Hierbei ist die y-Koordinate tangential zur Erdoberfläche nach Norden positiv, die z-Koordinate vertikal nach oben positiv gerichtet, g ist die Schwerebeschleunigung, φ die geographische Breite und ω_E die Rotationsfrequenz der Erde.

2. Auswirkungen in verschiedenen Höhenbereichen

Das Klima der unteren Atmosphäre (Troposphäre) ist einerseits durch die Strahlungszufuhr im sichtbaren und infraroten Spektralbereich, andererseits durch die Zurückhaltung der Wärmeausstrahlung infolge des „Glashauseffekts" infrarot-aktiver Gase, vor allem CO_2 und H_2O, bestimmt. Die mittlere Atmosphäre (Strato- und Mesosphäre) dagegen erhält ihre Energiezufuhr überwiegend durch Absorption des ultravioletten Spektralbereichs der Sonne durch das atmosphärische Ozon, global ausbilanziert durch infrarote Ausstrahlung der Gaskomponenten CO_2 und O_3 in den Weltraum. Das bedingt unterschiedliche Antworten dieser beiden Höhenbereiche auf die obengenannten äußeren Klimafaktoren, wie es in der Tabelle gezeigt ist.

Tabelle

Äußerer Klimafaktor (Ursache) /Anwendungsfall/	Auswirkung in der unteren Atmosphäre (T_s = Temperatur an der Erdoberfläche)	Auswirkung in der mittleren Atmosphäre Temperatur (Höhe)	Meridionaler Temperatur- gradient
Solare Einstrahlung (Sonnenaktivität) /Differenz Maximum —Minimum im 11-jährigen Zyklus	Abnahme der Solarkonstante bei zunehmender Sonnenaktivität um 25% (nur kurzzeitig!) ($\Delta\overline{T}_s \approx -0{,}5$ K)	Zunahme der Erwärmung durch UV-Absorption ΔT (50 km) $= 2 \ldots 7$ K (je nach Modell)	$\partial\Delta T/\partial\varphi \approx -0{,}07$ (K/Breitengrad)
CO_2-Zunahme weltweit (anthropogen?) /Verdoppelung gegenüber heute/	Erwärmung durch verstärkten Glashauseffekt $\Delta\overline{T}_s \approx +3$ K	Abkühlung durch verstärkte IR-Ausstrahlung ΔT (30 km) $= -6$ K ΔT (50 km) $= -11$ K	$\partial\Delta T/\partial\varphi$ (30 km) $+ 0{,}07$ (Sommer) $-0{,}07$ (Winter) (K/Breitengrad)
Stratosphärisches Aerosol (vulkanisch) /Agung 1963, El-Chichón 1982/	Verminderung der Einstrahlung ($\lambda < 2$ µm) durch Erhöhung der Albedo $\Delta\overline{T}_s \approx -0{,}3$ K	Erwärmung durch Absorption der IR-Ausstrahlung der Erde ($\lambda > 2$ µm) ΔT (24 km) $= +4$ K in der geographischen Breitenzone des Vulkans	$\partial\Delta T/\partial\varphi$ (24 km) $-0{,}2$ K/Breitengrad

2.1. Sonnenaktivitätseinflüsse

Entsprechend dem soeben erläuterten Klimaregime können sonnenaktivitätsbedingte Variationen in der Troposphäre nur dann auftreten, wenn es merkliche Variationen der Solarkonstanten gibt. Solche Variationen sind in den letzten Jahren durch die hochpräzisen Messungen auf dem SMM-Satelliten (Solar Maximum Mission) zuverlässig nachgewiesen worden (WILLSON et al., 1980), wo beim Auftreten großer Sonnenfleckengruppen die Solarkonstanten um maximal 0,25% abnahm. Würde eine Verminderung der Solarkonstante um diesen Betrag länger anhalten, so wäre nach einem Modell von WETHERALD und MANABE (1975) eine Abnahme der globalen Durchschnittstemperatur an der Erdoberfläche um etwa 0,5 K die Folge. Die tatsächlich beobachteten Veränderungen der Solarkonstante sind jedoch nur auf Zeitdauern von Tagen bis Wochen beschränkt, d. h. auf die Zeitskala der Lebensdauer von solaren aktiven Regionen, die für eine quantitativ spürbare Klimareaktion der Troposphäre nicht ausreicht (WILLSON, 1983).

In der mittleren Atmosphäre ist demgegenüber ein wesentlich deutlicherer Einfluß der Sonnenaktivität zu erwarten, da der solare Strahlungsfluß im ultravioletten Spektralbereich, der sowohl für die photochemische Bildung des Ozons als auch für dessen Erwärmung durch Strahlungsabsorption verantwortlich ist, eine systematische Variation mit der Sonnenaktivität aufweist, die in den letzten Jahren mit Hilfe langzeitstabiler Satellitenmessungen zuverlässig quantitativ erfaßt werden konnte (SIMON, 1981). Modellberechnungen der Amplitude der resultierenden Temperaturvariation im 11jährigen Sonnenfleckenzyklus weichen allerdings noch beträchtlich voneinander ab. Für die Stratopause (50 km Höhe) liegen sie mit Werten von 2 K (GARCIA et al., 1984) bis 6 K (CALLIS et al., 1985) nahe bei der Streubreite der Meßfehler und der natürlichen Fluktuationen. In einer Auswertung von etwa 1000 Raketenmessungen der Station Wolgograd ist eine statistisch gesicherte Temperaturdifferenz zwischen maximaler und minimaler Sonnenaktivität, die etwa 6 K erreicht, nur oberhalb von etwa 50 km Höhe nachweisbar (COSSART und TAUBENHEIM, 1985), unterhalb 50 km ist dagegen keine statistisch gesicherte Differenz zu finden.

Die Abhängigkeit der solaren UV-Einstrahlung vom Einfallswinkel läßt erwarten, daß die Amplitude der Sonnenzyklusvariation der Temperatur nach Jahreszeit und geographischer Breite unterschiedlich ist, so daß sich mit der Sonnenaktivität auch der meridionale Temperaturgradient ändert. Mit der Anwendung der thermischen Windgleichung (1) auf ihr Modell kommen CALLIS et al. (1985) zu dem Ergebnis, daß die zonale Windgeschwindigkeit im Stratopausenniveau mittlerer Breiten dementsprechend im Sonnenfleckenmaximum etwa um 4—8 m s^{-1} (d. i. etwa 6—12%) größer sein müßte als im Sonnenfleckenminimum.

2.2. Der Effekt der CO_2-Zunahme

Der Klimaeffekt der nachweislichen Zunahme des atmosphärischen CO_2-Gehaltes um den Faktor 1,0035 pro Jahr, die vermutlich anthropogenen Ursprungs ist, besteht für die Troposphäre in einer Verstärkung des Glashauseffektes, woran allerdings auch noch weitere Luftbeimengungen wie CH_4 und N_2O u. a. beteiligt sind (KONDRAT'EV, 1981). Modellrechnungen des Klimaeffekts beziehen sich meist auf die Vorgabe einer

Verdoppelung des CO_2-Gehaltes gegenüber seinem heutigen Wert, die im Laufe des 21. Jahrhunderts erreicht werden dürfte. Sie verursacht eine Zunahme der Lufttemperatur an der Erdoberfläche, wofür zahlreiche Modellvarianten in der internationalen Literatur (die sich vor allem in der Parameterisierung von Rückkopplungsprozessen und Zirkulation unterscheiden) einigermaßen übereinstimmend einen globalen Mittelwert von etwa 3 K vorhersagen. Vom Äquator zu den Polen hin wächst der Temperatureffekt an.

Im Höhenbereich der Stratosphäre ist dagegen der Glashauseffekt vernachlässigbar, statt dessen bewirkt die Erhöhung des CO_2-Gehaltes hier vielmehr einen Wärmeverlust durch die Abstrahlung der 15-μm-Bande des CO_2 in den Weltraum. Der Umschlag vom Erwärmungseffekt in der unteren Atmosphäre zum Abkühlungseffekt in der mittleren Atmosphäre tritt etwa in der Höhe der Tropopause ein, und der Betrag des Abkühlungseffektes bei CO_2-Verdoppelung ist erheblich größer als der Betrag des troposphärischen Erwärmungseffektes. Nach einem Modell von Fels et al. (1980) erreicht er +11 K in etwa 45 km Höhe, neuere Ansätze der IR-Emission nach Haus (1985) führen sogar auf +13 bis +14 K in 50 km Höhe. Ein jahreszeitliches GCM-Modell mit realistischer Festland-Ozean-Verteilung von Washington und Meehl (1984) besagt darüber hinaus, daß vom Äquator zum Pol hin der Betrag der Abkühlung auf der Winterhalbkugel zunimmt, auf der Sommerhalbkugel abnimmt, was den „normalen" meridionalen Temperaturgradienten zwischen Sommer- und Winterpol merklich vergrößert und damit über die thermische Windgleichung (1) eine generelle Zunahme des Zonalwindes hervorrufen muß.

Da der CO_2-Gehalt der Atmosphäre in den letzten 20 Jahren erst um etwa 7% angestiegen ist, kann die erwartete Abkühlung der Stratopause im gleichen Zeitraum nicht mehr als etwa 1 K betragen, was noch nicht die Nachweisschwelle erreicht. Eine Analyse weltweiter Raketendaten 1965—1981 (Angell und Korshover, 1983) ergab eine generelle Temperaturabnahme im Stratopausenniveau um etwa 5 K in diesem Zeitraum, deren Betrag zweifellos zu groß ist, um dem CO_2-Effekt zugeschrieben werden zu können. Vielmehr haben die aus Reflexionshöhenmessungen der unteren Ionosphäre in Kühlungsborn abgeleiteten Luftdruckvariationen der Mesosphäre, die einen wesentlich längeren Zeitraum umfassen, gezeigt, daß die von Angell und Korshover gefundene Temperaturabnahme nur einen Ausschnitt aus einer tatsächlich etwa sinusförmigen Temperaturschwankung der mittleren Atmosphäre bildet, die 1965 ein Temperaturmaximum und 1975 ein Temperaturminimum hatte.

2.3. *Effekte vulkanischer Aerosole*

Im Gefolge der großen Vulkanausbrüche des Agung (Java) 1963 und des El Chichón (Südmexiko) 1982 wurden Erhöhungen des in der sog. Junge-Schicht der Stratosphäre (15—20 km) akkumulierten Sulfattröpfchen-Aerosols (Whitten, 1982) nachgewiesen, die sich rasch um den ganzen Globus ausbreiteten und nur langsam (Größenordnung 1 Jahr) abgebaut wurden. Durch Streuung des Sonnenlichts im Wellenlängenbereich $\lambda < 2$ μm führt dies zu einer geringfügigen Vergrößerung der Albedo der Atmosphäre um etwa 1% (Chou et al., 1984) mit entsprechender Verringerung der direkten zugunsten der gestreuten Strahlung am Erdboden. Nach Mass und Schneider (1977) wird dadurch eine Abnahme der globalen Durchschnittstemperatur am Erdboden um etwa 0,3 K hervorgerufen, die spürbare klimatische Auswirkungen wegen der langen Verweilzeit des Aerosols hat. Es liegt nahe, auch die in historischen Zeiträumen belegten Klimaschwankungen durch Häufigkeitsschwankungen großer Vulkanausbrüche zu erklären (Robock, 1978). Das gelingt, wie von Mitarbeitern unseres Instituts gezeigt werden konnte, schon mit einfachen Strahlungsbilanzmodellen quantitativ gut (Dethloff und Peters, 1982).

In der Stratosphäre dagegen wirkt sich eine Absorption der infraroten Ausstrahlung der Erde ($\lambda > 2\,\mu m$) durch die Aerosoltröpfchen in einer Erwärmung aus. Aus weltweiten Messungen konnte zweifelsfrei abgeleitet werden, daß in etwa 24 km Höhe diese Erwärmung in der geographischen Breitenzone des Vulkans mehrere Grad K beträgt (Labitzke und Naujokat, 1983). Dadurch, daß die vorwiegend zonale Windströmung der Stratosphäre für die Verteilung der Aerosole in dieser Breitenzone um die ganze Hemisphäre herum sorgt, resultiert eine Veränderung des mittleren meridionalen Temperaturgradienten, die, wenn auch breitenmäßig begrenzt, das Zonalwindsystem der Stratosphäre beeinflußt.

2.4. Kopplung zwischen den Höhenbereichen der Atmosphäre

Energieaustausch in vertikaler Richtung zwischen verschiedenen Höhenbereichen erfolgt nur in geringem Maße durch Strahlungstransport, sondern vielmehr durch dynamische Kopplung im Strömungsfeld, vor allem dank der vertikaen Ausbreitung von Wellen eines breiten Spektrums räumlicher Skalen, von internen Schwerewellen bis zu langen Wellen planetarischen Maßstabes. Da entsprechend der Luftdichte die kinetischen und thermischen Energiedichten in der Strato- und Mesosphäre um mehrere Größenordnungen kleiner sind als in der Troposphäre, ist zu erwarten, daß klimatische Veränderungen des Strömungsfeldes im wesentlichen von unten nach oben, d. h. aus der Troposphäre in die mittlere Atmosphäre übertragen werden. Eine geringe Rückkopplung findet jedoch auch vom Strömungsfeld der mittleren Atmosphäre auf die untere Atmosphäre statt, wie vor einigen Jahren gleichzeitig aus Modellrechnungen in den USA (Geller und Alpert, 1980) und in unserem Institut (Schmitz und Grieger, 1980) erkannt wurde. Hiernach führt eine Verringerung der zonalen Windgeschwindigkeit in der Stratosphäre um 20% zu einer Abnahme der Amplitude der planetaren langen Wellen der troposphärischen 500-hPa-Fläche um etwa 10%. Auf diese Weise können die in den vorhergehenden Abschnitten beschriebenen Effekte äußerer Klimafaktoren im strato-mesosphärischen Windsystem auf das troposphärische Klima zurückwirken, wenn auch in sehr kleinem Ausmaß. Die Anwendung auf das Modell der 11jährigen Sonnenzyklusvariation der Stratosphäre (Callis et al., 1985) ergibt z. B., daß die Amplitude der stehenden planetaren Wellen der 500-hPa-Fläche sich im Sonnenfleckenzyklus durch diese Rückkopplung nur um 4% verändert.

Wenn auch die Amplitudenänderungen kimatisch kaum wirksam sein dürften, können aber die ebenfalls von der Rückkopplung verursachten Phasenverschiebungen des planetaren Wellenmusters (bezüglich der geographischen Länge) zu einer Veränderung von Positionen und Zugbahnen synoptischer Druckgebilde der Troposphäre (Hoch- und Tiefdruckgebiete) Anlaß geben, die den Klimacharakter von Jahreszeiten in regionalen Maßstäben (10^3 km) prägen können.

2. Die Bedeutung der mittleren Atmosphäre für die Klimadiagnostik

Die beobachtungsseitige Auffindung und quantitative Erfassung von Klimavariationen der Zeitskale 1 bis mehrere Jahre ist in meteorologischen Meßdaten stark durch das Vorhandensein der kleiner-skaligen Wetterfluktuationen („Weather Noise") behindert, deren Amplituden in der Troposphäre den Betrag der Klimatrends übertreffen, mit wachsender Höhe jedoch rasch abnehmen. Diese Eigenschaft, zusammen mit den im vorhergehenden Kapitel aufgezeigten generell erheblich größeren Beträgen der Effekte äußerer Klimafaktoren in der Strato- und Mesosphäre führen zu dem Schluß, daß die Analyse und langfristige Verfolgung von Meßgrößen der mittleren Atmosphäre einen frühzeitigeren Nachweis und eine raschere quantitative Diagnose von anthropogenen und anderen exogenen Klimaeinflüssen ermöglicht, wie sie für langfristige volkswirtschaftlich relevante Prognosen Bedeutung haben.

Als Meßgrößen der mittleren Atmosphäre eignen sich nicht nur Ballon-, Raketen- und Satellitendaten des Temperatur- und Windfeldes und Daten der stratosphärischen Ozonverteilung. Stratosphäre und Mesosphäre bilden einen durch ein gemeinsames Zirkulationssystem kontrollierten weitgehend einheitlichen physikalischen Komplex. Dies kommt z. B. in der beobachteten starken Antikorrelation der Temperaturen von Stratopause (50 km) und Mesopause (85 km) zum Ausdruck (Houghton, 1978), ebenso wie in der Antikorrelation zwischen der winterlichen Westwindgeschwindigkeit der Stratosphäre und der Elektronenkonzentration der mesosphärischen Ionisation (Lauter et al., 1984). Daher sind auch lange bodengebundene Meßreihen der Parameter der unteren Ionosphäre, deren Abhängigkeit von „meteorologischen" Parametern der mittleren Atmosphäre bekannt ist (Taubenheim, 1983), in die Datenbasis einzubeziehen.

Da nach den oben angestellten Überlegungen die mittlere Atmosphäre keineswegs von der troposphärischen Dynamik entkoppelt ist, sind langfristige Veränderungen in Meßdaten der mittleren Atmosphäre stets als Indikator für möglicherweise noch im „Noise" verborgene troposphärische Klimaänderungen anzusehen.

Literatur

Angell, J. K., und J. Korshover: Mon. Weather Rev. **111** (1983) 901.

Bernhardt, K., und F. Kortüm: Beeinflussung der Atmosphäre durch menschliche Aktivitäten (Geodät. Geophys. Veröff., Reihe II (1976) H. 21), Potsdam: NKGG.

Callis, L. B., J. C. Alpert und M. A. Geller: J. Geophys. Res. **90** (1985) 2273.

Chou, M.-D., L. Peng und A. Arking: J. Atm. Sci. **41** (1984) 759.

Cossart, G. v., und J. Taubenheim: Vortrag a. d. 5. IAGA-Versammlung, Prag. Eingereicht bei J. Atm. Terr. Phys. 1985.

Dethloff K., und D. Peters: Z. Meteor. **33** (1982) 225.

Fels, S. B., J. D. Mahlman, M. D. Schwarzkopf und R. W. Sinclair: J. Atm. Sci. **37** (1980) 2265.

Garcia, R. R., S. Solomon, R. G. Roble und D. W. Rusch: Planet. Space Sci. **32** (1984) 411.

Geller, M. A., und J. C. Alpert: J. Atm. Si. **37** (1980) 1197.

Haus, R.: Eingereicht bei J. Atm. Terr. Phys. 1985.

Houghton, J. T.: Qu. J. Roy. Meteor. Soc. **104** (1978) 1.

Kellogg, W. W.: in: Das Klima (Hrsg. H. Oeschger, B. Messerli, M. Svilar), p. 18. Berlin/Heidelberg/ New York: Springer Verlag 1980.

Kondrat'ev, K. Ya.: Stratosfera i kimat (Itogi nauki i tehn., Ser. meteor. i klimat., t. 6). Moskva: VINITI, 1981.

Labitzke, K., und B. Naujokat: Beitr. Phys. Atm. **56** (1983) 495.

Lauter, E. A., J. Taubenheim und G. v. Cossart: J. Atm. Terr. Phys. **46** (1984) 775.

Mass, C., und S. H. schneider: J. Atm. Sci. **31** (1977) 1995.

Robock, A.: J. Atm. Sci. **35** (1978) 1111.

Schmitz, G., und N. Grieger: Tellus **32** (1980) 207.

Simon, P. C.: Solar Phys. **74** (1981) 273.

Taubenheim, J.: Space Sci. Reviews **34** (1983) 397.

Washington, W. M., and G. A. Meehl: J. Geophys. Res. **89** (1984) 9475.

Wetherald, R. T., und S. Manabe: J. Atm. Sci. **32** (1975) 2044.

Whitten, R. C. (Ed.): The Stratospheric Aerosol Layer. Berlin/Heidelberg/New York: Springer Verlag 1982.

Willis, D. M.: J. Atm. Terr. Phys. **38** (1976) 685.

Willson, R. C., C. H. Duncan und J. Geist: Science **207** (1980) 177.

Willson, R. C.: In: Solar Irradiance Variations on Active Region Time Scales. NASA Conf. Publ. No. 2310 (1983) p. 1.

Anschrift des Verfassers:

Prof. Jens Taubenheim
Heinrich-Hertz-Institut für Atmosphärenforschung und Geomagnetismus der AdW der DDR
Rudower Chaussee 5
DDR-1199 Berlin

Zum Informationsgehalt von Vertikal-SODAR-Grammen

H.-R. LEHMANN

1. Einleitung

Schallwellen im Hörfrequenzbereich implizieren einfache Analysemethoden zur Untersuchung der charakteristischen Bewegungsformen in der unteren Atmosphäre, speziell in der planetaren Grenzschicht (PG). Die planetare Grenzschicht ist dadurch ausgezeichnet, daß infolge der Bodenreibungskräfte repräsentative physikalische Parameter des Fluids Luft starke räumliche Gradienten bzw. lokale Fluktuationen aufweisen. Die Fluktuationen entstehen im Ergebnis turbulenter Bewegungsvorgänge. Die Turbulenz kann durch Schallwellen analysiert werden, vorausgesetzt, daß Wellenlängen benutzt werden, die der Größe der Turbulenzelemente entsprechen. Das zeichnet besonders Schallwellen im Hörfrequenzbereich aus. Prinzipiell kann ein Vertikal-SODAR (SODAR ist eine engl. Abkürzung für sounding, detection and ranging devices in Analogie zu LIDAR) den sogen. Struktur-Parameter des turbulenten Temperaturfeldes sowie im Falle einer bistatischen Aufstellung von 2 schräg gestellten SODAR-Geräten auch den Strukturparameter des turbulenten Geschwindigkeitsfeldes liefern.

Im vorliegenden Beitrag soll jedoch die Beschreibung von Turbulenzcharakteristika zurückgestellt bleiben zugunsten der Klassifizierung von typischen Echostrukturen, die in SODAR-Grammen enthalten sind und die Bedeutung für Nutzung der Schallradar-Technik für praktische Einsatzfragen in verschiedenen Zweigen der Volkswirtschaft haben. Eine ausführliche Darstellung über die akustische Sondierung findet man z. B. bei BROWN and HALL (1978); erste Erfahrungen mit einem am Heinrich-Hertz-Institut entwickelten Vertikal-SODAR sind in KALLISTRATOVA, LEHMANN, NEISSER, PETENKO und ZORN (1985) zusammengestellt. Von GRONAK und KALASS (1985) wurde eine Beschreibung der Details des technischen Aufbaus vorgenommen. Der vorliegende Beitrag ist im wesentlichen auf dem Professorenkolloquium des FoB Geo/Kosmoswissenschaften gehalten worden. Vor Drucklegung wurden noch einige Ergänzungen, insbesondere Aktualisierungen vorgenommen.

2. Echostrukturen von Temperaturschichtungen

Das SODAR liefert als primäres Resultat Rückstreusignale an atmosphärischen Inhomogenitäten (Temperatursprünge, Dichtesprünge, Sprünge in der Feuchte). Am sensibelsten reagiert die Schallwelle beim Vertikal-SODAR auf Temperaturschichtungen, so daß sich bei ihrem Auftreten Echostrukturen eindeutig zu Temperaturschichtungen zuordnen lassen. Gewöhnlich treten in der Registrierung intensive Schwärzungsstrukturen in Abhängigkeit von der Höhe und der Zeit auf. Im wesentlichen kann man vier Typen unterscheiden:

a) die vertikalen konvektiven Echos,
b) die horizontalen Echos in Bodennähe, die mit der Ausbildung einer Bodeninversionsschicht verbunden sind,

c) horizontale Schichtungen, die nicht mit einer Bodeninversion zusammenhängen, die sog. freien Inversionen, und schließlich
d) können keine Echos auftreten.

Aus ganztägigen Registrierungen lassen sich dann Häufigkeitsbetrachtungen sowie Untersuchungen des tageszeitlichen Verlaufs durchführen. Natürlich können auch schwer bestimmbare Strukturen auftreten.

Ein einfaches SODAR-Gramm ist in Abb. 1 dargestellt. Längs der Vertikalen wird die Höhe, entlang der Horizontalen die Zeit angegeben. In der Abb. 2 ist ein Beispiel für das Auftreten von vertikalen konvektiven Echos dargestellt. Typisch für dieses Beispiel ist eine vogelfederähnliche Struktur. Diese Echos treten auf, wenn infolge der Bodenerwärmung Luftvolumina nach oben aufsteigen. Gewöhnlich ist mit diesen Erscheinungen ein Transport von Wärme und Masse nach oben verbunden.

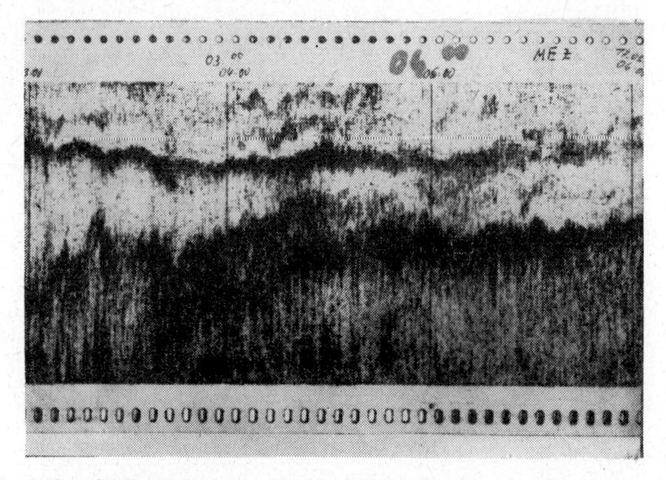

Abb. 1. Typisches SODAR-Gramm (Höhen-Zeitdarstellung der Rückstreuintensität)

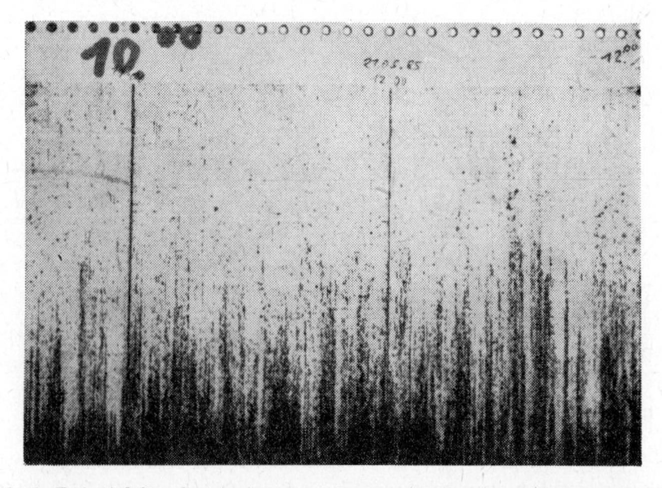

Abb. 2. Beispiel für das Auftreten eines vertikalen konvektiven Echos

Als weiteres typisches Beispiel ist in Abb. 3 eine horizontal verlaufende, am Erdboden aufliegende Struktur dargestellt. Die Obergrenze charakterisiert den Abschluß der Bodeninversionsschicht. Gewöhnlich wird der Abstand Erdboden-Schichtobergrenze als Maß für die Mächtigkeit der Schicht angesehen.

Die Abb. 4 ist ein Beispiel für das Auftreten einer vom Erdboden abgesetzten Schicht oder freien Inversion. Sie ist in der Regel mit einem Temperatursprung verbunden. Zwei weitere meteorologisch interessante Parameter sind die Höhenposition der unteren und der oberen Kante der Schicht.

Auf SODAR-Gramme ohne Strukturierung soll hier nicht eingegangen werden. Natürlich können einige der beschriebenen Einzeltypen auch als Überlagerung auftreten, ebenso sind auch inhomogene Strukturgebilde denkbar. Es muß hinzugefügt werden, daß sehr komplizierte SODAR-Gramm-Strukturen auftreten können, deren Interpretation nur unter Hinzuziehung von Messungen der Höhenprofile von Tempera-

Abb. 3. Beispiel einer horizontalen, am Erdboden aufliegenden Struktur (Bodeninversionsschicht)

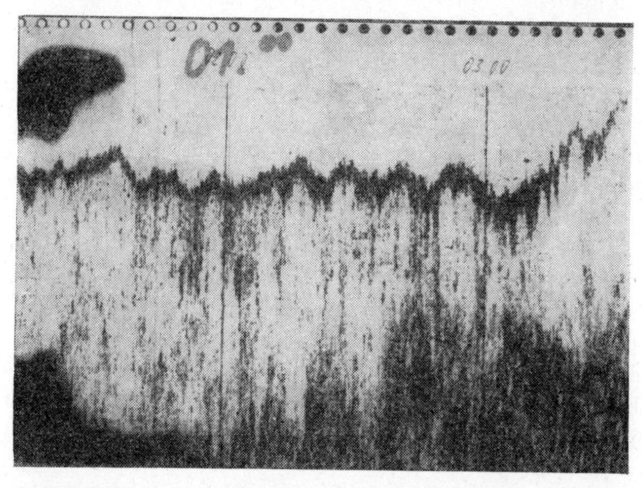

Abb. 4. Beispiel für eine vom Erdboden abgesetzte Schicht (freie Inversion)

tur, Feuchte und ggf. des Windvektors richtig vorgenommen werden kann. Weiterhin kann der zeitliche Verlauf der o. g. Grundtypen verfolgt werden. Ein besonders wichtiges Problem ist die Ableitung von Vorhersagen für Strukturerhaltung bzw. -veränderungen. Um hier Prognoseüberlegungen anstellen zu können, muß eine längere Meßreihe vorliegen. Gegenwärtig wird mit einem Vorschub von 6 cm pro Stunde registriert.

Es sei nur noch am Rande vermerkt, daß das SODAR auch digitale Signale liefert, die, in Zusammenarbeit mit einem Mikrorechner zu Mittelwerten verarbeitet, als zusätzliche physikalische Information verwendet werden können.

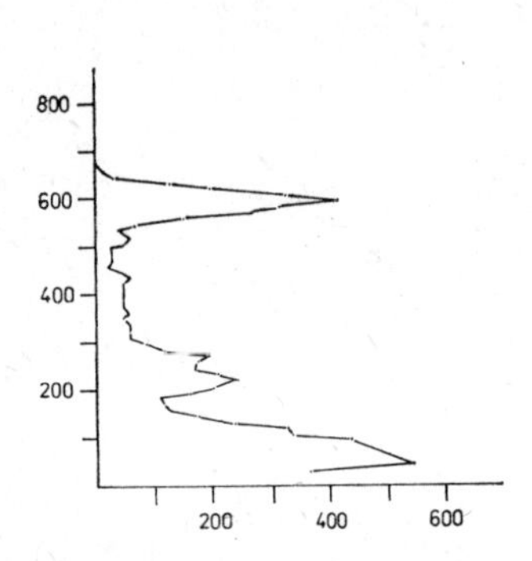

Abb. 5. 6-min-Mittelwert der Höhenverteilung der Strukturkonstanten des Temperaturfeldes c_T^2

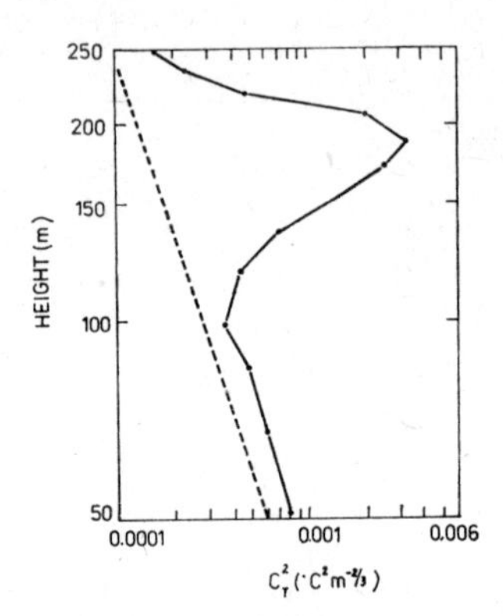

Abb. 6. Charakteristischer Höhenverlauf von c_T^2 für konvektive Bedingungen nach Dubosclard, 1982

Hierzu ist jedoch zur Gewinnung eines Absolutwertes von der Strukturkonstanten c_T^2 (c_T^2 muß als ein Ausdruck für die kleinskalige Temperaturfluktuation angesehen werden) ein Eichprozeß mit einem anderen unabhängigen Meßverfahren zur Bestimmung von Fluktuationen des Temperaturfeldes notwendig. Dessen ungeachtet wird häufig auch die ungeeichte Amplitude des Rückstreusignals verwendet, deren charakteristischer Höhenverlauf ebenfalls Rückschlüsse auf Schichtungsverhältnisse zuläßt. In der Abb. 5 ist ein Höhenverlauf dargestellt, der ebenfalls mit einem HHI-Gerät gewonnen wurde. Es wurde über ein Zeitintervall von 6 min integriert. Aus der Literatur ist bekannt, daß bei reiner Konvektion c_T^2 nach einem $h^{-4/3}$-Gesetz mit zunehmender Höhe abnimmt. Jedoch kann für konvektive Bedingungen auch ein von dieser Höhenabhängigkeit abweichendes Verhalten festgestellt werden, wie es in der Abb. 6 zum Ausdruck kommt (G. Dubosclard, 1982). Hier nimmt anfänglich c_T^2 nach dem o.g. Gesetz ab, bis nach Durchlaufen eines Anstiegs wiederum eine Zunahme auf einen Maximalwert bei etwa 200 m Höhe erfolgt. Die Höhe bis zum Maximum entspricht der Mischungshöhe. Sie ist ein Maß für die aktive Durchmischung der bodennahen Schicht. Über das Maximum bei 600 m Höhe (s. Abb. 5) gibt es keine Hinweise in der Literatur. Es muß jedoch hinzugefügt werden, daß die Dispersion in diesem Höhenbereich ebenfalls ein Maximum aufweist. Eine weitere gründliche Analyse ist zum weiteren Verständnis erforderlich. Es sei an dieser Stelle darauf hingewiesen, daß vom Meteorologischen Dienst der DDR (MD) ein Katalog von Interpretationsmustern von Vertikal-SODAR-Grammen erarbeitet wurde.

3. SODAR-Gramm-Strukturen und thermische Schichtung in der PG

Wie bereits in der Einleitung erwähnt, hängen die oben besprochenen charakteristischen Echostrukturen mit typischen thermischen Schichtungen in der PG zusammen. Den Schichtungstyp kann man aus dem Verlauf der Temperatur mit der Höhe bestimmen. Im Falle der sog. trockenadiabatischen Schichtung, welche eine Temperaturabnahme um ca. 1° pro 100 m Höhenzunahme bedeutet, können Luftvolumina vertikal ausgetauscht werden, ohne daß sich an der Schichtung etwas ändert, da die nach oben bewegten sich um genau den gleichen Wert pro 100 m abkühlen wie die sich nach unten bewegenden adiabatisch erwärmen. Eine solche Schichtung wird neutral genannt und durch sehr schwache oder keine Echostrukturen im SODAR-Gramm signalisiert.

Nimmt die Temperatur mit der Höhe schwächer als adiabatisch ab, liegt eine stabile Schichtung vor. Das hängt damit zusammen, daß sich ein nach oben bewegendes Luftvolumen auf 100 m Höhe um 1°C abkühlen würde, was infolge der wärmeren Umgebung zu einem Absinken und wiederholten Aufwärmen und Aufsteigen führt, im Mittel jedoch eine Schwankung um die Ausgangslage bedeutet. Es ist einleuchtend, daß es sich hierbei um eine stabile Schichtung handelt, die im SODAR-Gramm durch eine Boden- oder freie Inversion angezeigt wird.

Im umgekehrten Falle, wenn die Temperatur der Luft stärker pro 100 m, als dem adiabatischen Verlauf entspricht, abnimmt, entfernt sich ein einmal aus der Ausgangslage herausbewegtes Luftvolumen von dieser zunehmend, weshalb man von instabiler Schichtung spricht. Die instabile Schichtung wird im SODAR-Gramm durch eine vertikale, konvektive Struktur zum Ausdruck gebracht. Eine solche Situation ist mit dem Transport von nichtlatenter Wärme vom Erdboden vertikal nach oben verbunden.

Die thermische Schichtung hängt eng mit der RICHARDSON-Zahl zusammen, sie gibt den Einfluß der thermischen Schichtung auf die turbulente Bewegung wieder. Diskutiert man nämlich die Quellen und Senken der kinetischen Energie der turbulenten Zusatzbewegung, die der mittleren Bewegung überlagert ist, läßt sich diese in großer Näherung durch

$$Q \approx A_{\mathrm{M}} \left(\frac{\partial \bar{v}_h}{\partial z} \right)^2 - A_{\mathrm{H}} \frac{g}{\theta} \frac{\partial \bar{\theta}}{\partial z} - \varepsilon \tag{1}$$

darstellen. Hierbei bedeuten A_{M}, A_{H} die turbulenten Austauschkoeffizienten, $\frac{\partial v_h}{\partial z}$, $\frac{\partial \theta}{\partial z}$ die vertikalen Gradienten von horizontaler Geschwindigkeit und Potentialtemperatur sowie ε die Dissipationsenergie. Die beiden ersten Terme wird die Quellterme, der letzte ist der Senkenterm. Aus dem Quotienten der Quellterme sind die RICHARDSON-Zahl gebildet:

$$Ri = \frac{A_{\mathrm{H}}}{A_{\mathrm{M}}} \frac{\frac{g}{\theta} \cdot \frac{\partial \bar{\theta}}{\partial z}}{\left(\frac{\partial \bar{v}_h}{\partial z} \right)^2} \gtreqless 1. \tag{2}$$

Ist $Ri > 1$, so dominiert der dämpfende Einfluß der stabilen Schichtung auf die Entwicklung der turbulenten Strömung, bei $Ri < 1$ wird aus der Konvektion, thermisch induziert, die Turbulenz verstärkt werden.

4. Anwendungsbeispiele

Die Tab. 1 soll an einem praktischen Beispiel den Wert der SODAR-Registrierungen veranschaulichen. Die Darstellung ist dem ABC-Umweltschutz entnommen, das seinerseits auf die Literaturstelle Moses und Carson (1968) verweist. In der Tabelle ist der Einfluß der thermischen Schichtung auf die Ausbreitung der Rauchgasfahne eines Schornsteins dargestellt. In der ersten Spalte wird der Schichtungstyp vermerkt und die charakteristische Rauchfahne beschrieben (1. Reihe neutrale, 2. Reihe labile und 3. sowie folgende Reihen stabile Schichtungen), wobei in den letzten vier Reihen vier verschiedene Situationen bei stabiler Schichtung beschrieben sind. Die Spalten 2 und 3 stellen den zum Schichtungstyp gehörenden charakteristischen qualitativen Verlauf von Temperatur und Horizontalwind dar. Die vorletzte Spalte beschreibt die Ausbreitungssituation für den Schadstoff. Die letzte Spalte wurde vom Autor durch die zum Schichtungstyp gehörende SODAR-Gramm-Struktur ergänzt. Natürlich setzt das voraus, daß jederzeit aus dem SODAR-Gramm eine eindeutige Stabilitätsklassifizierung ableitbar ist. Um die SODAR-Technik in diesem Sinne sicher handhaben zu können, sind zur Absicherung der Aussagen noch einige statistische Untersuchungen erforderlich.

Jedoch zeigt die vorgenommene Gegenüberstellung klar den Wert und die Bedeutung der materiell unaufwendigen Schall-Radar-Technik.

Zum Abschluß sei noch kurz auf die Verknüpfung der SODAR-Gramme mit der Bestimmung von Stabilitätsklassen für Ausbreitungsmodelle eingegangen. Die prinzipielle Problemstellung sei am Beispiel der einfachsten Lösung der Diffusionsgleichung dargestellt.

Es möge sich im Koordinatensprung $x = y = 0$ ein Modellemittent in der Höhe $z = H$ befinden, die Quelle sei stationär. Eine einfache, aber exemplarische Lösung liefert bereits eine Diffusionsgleichung, wobei man zur Vereinfachung annehmen muß, daß der mittlere Wind mit der Richtung x zusammenfallen und keine Richtungs- oder Höhenabhängigkeit aufweisen darf (siehe z. B. Pichler, H. 1984). Außerdem nimmt man an, daß der turbulente Transport in x-Richtung klein gegenüber dem konvektiven Transport ist

$$\left(\frac{\partial}{\partial x} K_x \frac{\partial \tilde{s}}{\partial x}\right) \ll \tilde{u} \frac{\partial \tilde{s}}{\partial x}.$$

Unter dieser Bedingung lautet die Diffusionsgleichung

$$\tilde{u} \frac{\partial \tilde{s}}{\partial x} = \frac{\partial}{\partial s}\left(K_y \frac{\partial \tilde{s}}{\partial y}\right) + \frac{\partial}{\partial z}\left(K_z \frac{\partial \tilde{s}}{\partial z}\right) \tag{3}$$

mit der Lösung

$$\tilde{s} = \frac{Qs}{\tilde{u} 2\pi\sigma_y\sigma_z} \exp\left[-\frac{y^2}{2\sigma_y{}^2}\right] \left\{\exp\left[-\frac{(z - H_e)^2}{2\sigma_z{}^2}\right] + \exp\left[-\frac{(z + H)^2}{2\sigma_z{}^2}\right]\right\}. \tag{4}$$

$\tilde{s}$ ist das Verhältnis der Dichten von Schadstoff zu Luft, wobei $\tau = \frac{x}{\tilde{u}}$ die Diffusionszeit ist und bei Annahme eines höhenunabhängigen Windes infolge homogener Turbulenz

Tadelle 1

Skizze Meteorolische Charakterisierung Deutsche Bezeichnung Englische Bezeichnung	Temperaturverlauf in der Atmosphäre	Diagramm der Windgeschwindigkeit	Charakterisierung	SODAR-Signatur
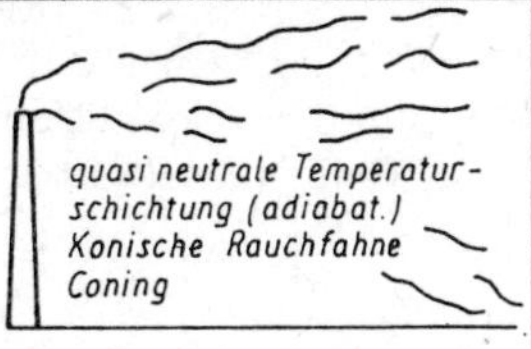 quasi neutrale Temperaturschichtung (adiabat.) Konische Rauchfahne Coning	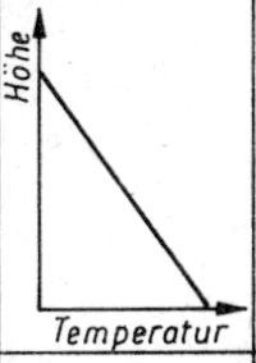 Höhe Temperatur	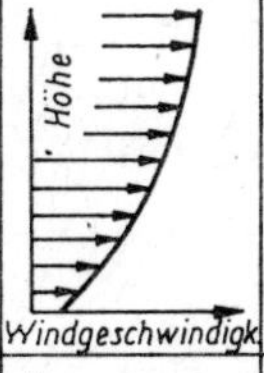 Höhe Windgeschwindigk	In der Luft sind einheitliche Turbulenzzustände vorhanden, es besteht eine intensive Diffusion. Die Atmosphäre hat keine Schichtung. Es ist der Grundtyp, der der Ausbreitungsrechnung zugrunde liegt.	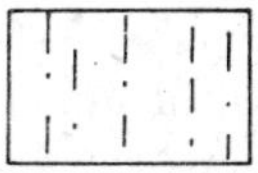 neutral
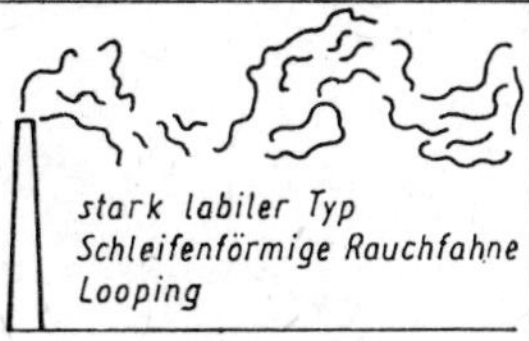 stark labiler Typ Schleifenförmige Rauchfahne Looping	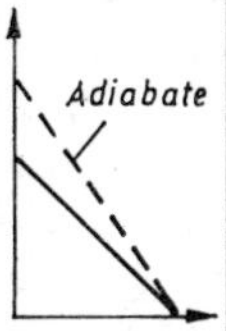 Adiabate	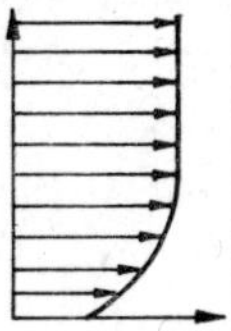	Der gebrochene, schlangenförmige Verlauf deutet auf Luftunruhen durch thermische oder geländemäßige Ursachen. Konzentrationsstöße am Boden sind möglich.	 labil
 stark labil (Inversion) Fächerförmige Rauchfahne Fanning	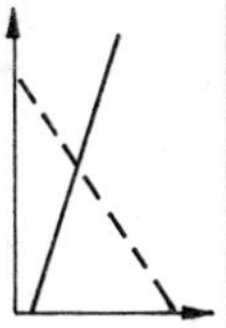	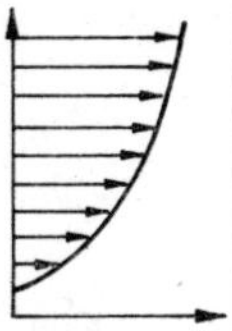	Die Form ist gleichmäßig fächerförmig. Über weite Entfernungen erfolgt nur eine geringe Konzentrationsabnahme der Schadstoffe in der Rauchfahne. Es liegt eine Inversionswetterlage sowie ebenes Gelände vor.	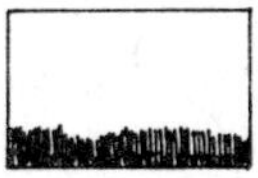
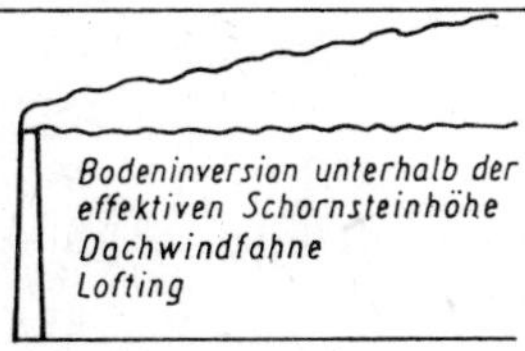 Bodeninversion unterhalb der effektiven Schornsteinhöhe Dachwindfahne Lofting	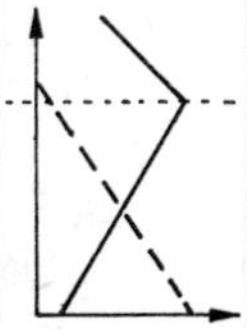	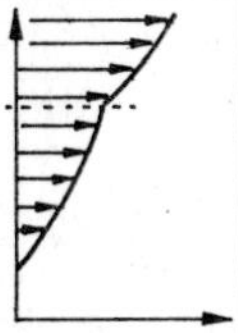	Der einseitig aufsteigende Verlauf ist für die Schadstoffverteilung günstig. Es sind lokal bedingte, thermische Ursachen vorhanden.	
 Inversion unterhalb der effektiven Schornsteinhöhe Verrauchung Fumigation	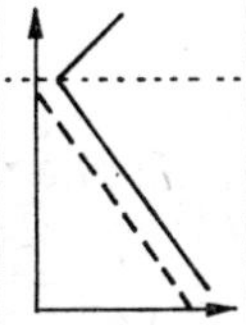	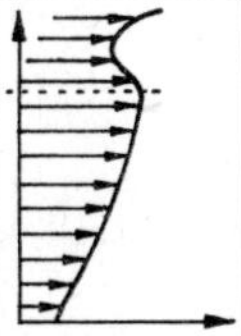	Der einseitig abgleitende Verlauf hat hohe Bodenkonzentrationen an Schadstoff zur Folge. Das Abgleiten basiert auf thermischen Ursachen, die lokal bedingt sind, z. B. Auflösung einer Bodeninversion.	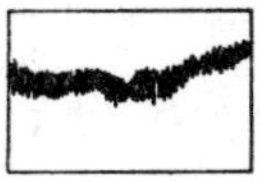 stabil
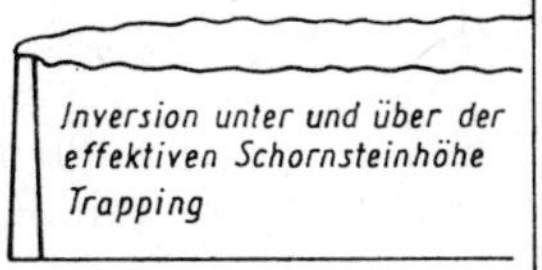 Inversion unter und über der effektiven Schornsteinhöhe Trapping	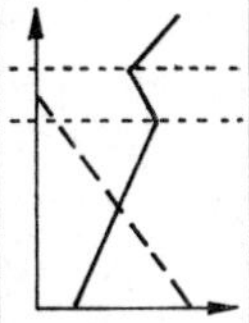	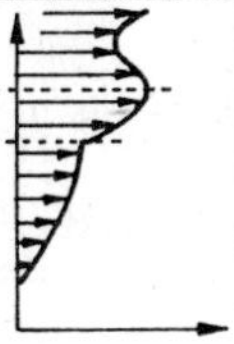	Durch die geringe höhenmäßige Ausbreitung bleibt die Schadstoffkonzentration über größere Entfernungen weitgehend konstant.	

die Diffusionskoeffizienten nur von der Diffusionszeit abhängen

$$\left(K_i(\tau) = \frac{\mathrm{d}}{\mathrm{d}\tau}\left(\frac{\sigma_i^2(\tau)}{2}\right)_{i=y,z}\right).$$

Die numerische Lösung zeigt, daß neben der mittleren Windgeschwindigkeit weitere Parameter in die Ausbreitungscharakteristika eingehen (s. Abb. 7): die vertikale Windscherung und die thermische Schichtung. Man sieht, wie unterschiedlich groß das Immissionsfeld bei gleicher Quellhöhe unter verschiedenen Ausbreitungsbedingungen sein kann. Die Schornsteinhöhe der Modellemittenten beträgt 40 m, die effektive

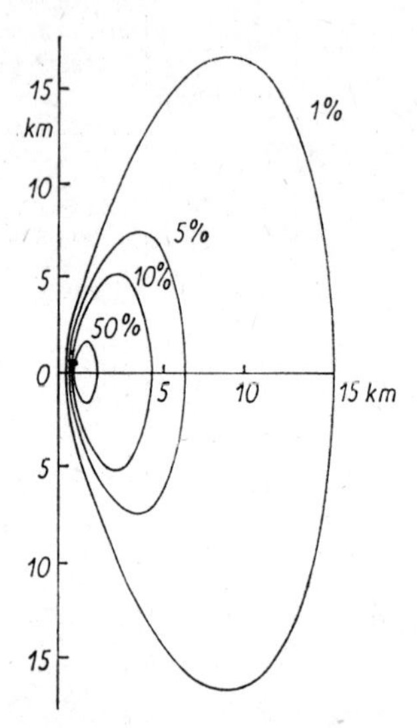

Abb. 7. Linien gleicher Konzentration entsprechend der Lösung der einfachen Diffusionsgleichung für labile Schichtung (REUTER, CEHAK, 1966)

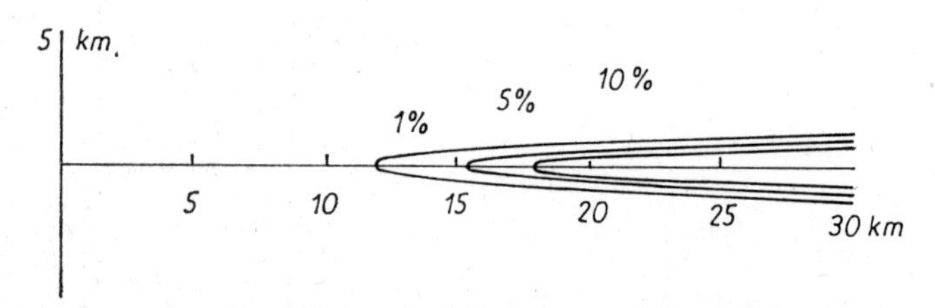

Abb. 8. Linien gleicher Konzentration für stabile Schichtung (REUTER, CEHAK, 1966).

Höhe kann in Abhängigkeit von der Wetterlage und den Faktoren von 50—160 m schwanken. Die Abb. 7 ist eine Darstellung der Konzentrationsverteilung in Prozent der maximalen Immissionskonzentration bei labiler Schichtung und Windgeschwindigkeiten um 2 m/s, die maximale Konzentration stellt sich bei $x = 1{,}02$ km ein.

Die Abb. 8 charakterisiert einen ganz stabilen Schichtungstyp, die effektive Schornsteinhöhe ergibt sich zu 160 m, dieser Typ wird häufig nachts angetroffen, die maximale Konzentration stellt sich bei 76 km ein. Man sieht also aus dem Beispiel, daß der Punkt maximaler Immissionskonzentration am Boden bei Übergang von der labilen zur stabilen Schichtung von der Emissionsquelle wegwandert.

Die Stabilitätsklassifizierung ist hier nach TURNER (1970) vorgenommen worden, die sich weitgehend an recht subjektiven Kriterien orientiert. So wird ersichtlich, daß auch Stabilitätsklassen für Ausbreitungsrechnungen durch SODAR-Informationen objektiv klassifiziert werden können. Obwohl heute nicht selten kompliziertere Modelle benutzt werden, ändert sich dabei nichts an der prinzipiellen Bedeutung der Festlegung von Stabilitätstypen.

5. Schlußfolgerungen

Die Ausführungen machen deutlich, daß durch den Einsatz der SODAR-Technik und die Beherrschung der Interpretation der SODAR-Gramme für die Umweltkontrolle signifikante Parameter kontinuierlich zur Verfügung gestellt werden können. Die SODAR-Gramm-Interpretation bedarf jedoch der Kenntnis der atmosphärenakustischen Grundlagen, um die Quote der Fehlinterpretationen so gering wie möglich zu halten. Das bedarf einer qualifizierten Einsatzvorbereitung.

Literatur

BROWN, E. H., and F. F. HALL jr.: Rev. Geophysics and Space Physics **16** (1978) 47.

KALLISTRATOVA, M. A.; H.-R. LEHMANN; J. NEISSER; J. V. PETENKO; A. ZORN: Z. f. Meteorologie, im Druck.

GRONAK, M., und D. KALASS: Z. f. Meteorologie, im Druck.

DUBOSCLARD, G.: Boundary layer Meteorol. **22** (1982) 325.

MO Wahnsdorf: Interpretation und Verschlüsselung von Vertikal-SODAR-Grammen, 1985.

PICHLER, H.: Dynamik der Atmosphäre. Bibliographisches Institut Mannheim—Wien—Zürich 1984.

Autorenkollektiv: ABC Umweltschutz. VEB Deutscher Verlag für Grundstoffindustrie, Leipzig 1984.

MOSES, H., and J. CARSON: J. Air Poollution, Contr. Ass. **18** (1968) 454.

REUTER, H. und K. CEHAK: Arch. Met. Geoph. Biokl. Ser. A 15 (1966) 192.

TURNER, D. B.: J. Air Pollution, Contr. Ass. **29** (1979) 502.

Anschrift des Verfassers:

Prof. H.-R. LEHMANN:
Heinrich-Hertz-Institut für Atmosphärenforschung und Geomagnetismus der AdW der DDR
Rudower Chaussee 5
DDR-1199 Berlin

Langzeitveränderungen ozeanologischer Größen in der Ostsee

DIETWART NEHRING

Zusammenfassung: Zunehmende Phosphat- und Nitratkonzentrationen in der Oberflächenschicht und im Tiefenwasser deuten auf eine Eutrophierung der Ostsee hin. Gegenwärtig kann noch nicht mit Sicherheit entschieden werden, ob dabei anthropogene Einflüsse oder ozeanologische Veränderungen dominieren. Folgen der Eutrophierung sind einerseits steigende Erträge der Ostseefischerei und andererseits eine zunehmende Belastung des Sauerstoffregimes und Einschränkung des Lebensraumes der Fische und anderer aerober Organismen im Tiefenwasser der Ostsee.

1. Einleitung

Die Ostsee gehört zu den größten Brackwassergebieten der Erde. Sie ist ein reich gegliedertes Nebenmeer des atlantischen Ozeans und bedeckt einschließlich des Kattegats und der Beltsee, den Übergangsgebieten zur Nordsee, eine Fläche von 415100 km². Bei einer mittleren Tiefe von 52 m und einer maximalen Tiefe von 459 m im Landsorttief beträgt ihr Wasservolumen 21700 km³. Die Verbindung zur Nordsee und damit zum Weltmeer besteht nur durch die flachen und engen Belte und den Sund mit einem Gesamtquerschnitt von 0,35 km². Der Wasseraustausch zwischen der Nordsee und der eigentlichen Ostsee wird durch die Darßer Schwelle mit 18 m und die Drogden Schwelle (im Öresund) mit 7 m Satteltiefe begrenzt.

Meerengen sowie untermeerische Schwellen und Bänke verleihen der Ostsee eine natürliche Gliederung (Abb. 1). So schließen sich an das Kattegat und die Beltsee

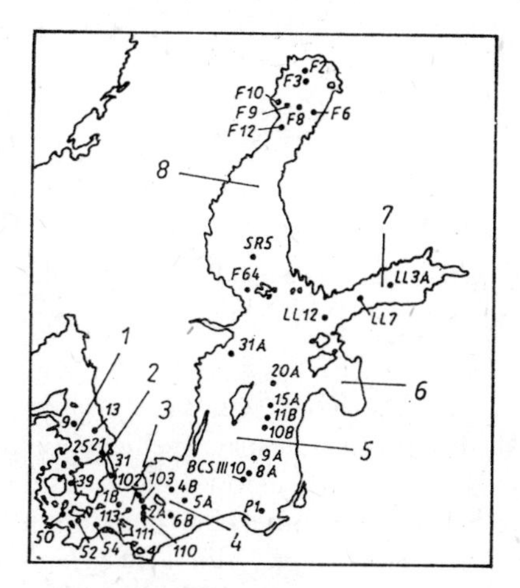

Abb. 1. Regionale Aufteilung und Stationskarte der Ostsee.
1 — Kattegat, *2* — Beltsee, *3* — Arkonasee, *4* — Bornholmsee, *5* — Gotlandsee, *6* — Rigaer Meerbusen, *7* — Finnischer Meerbusen, *8* — Bottnischer Meerbusen

die Arkona- und Bornholmsee sowie die Gotlandsee mit den östlichen, nördlichen und westlichen Becken an. Im Norden und Osten geht die Ostsee in den Bottnischen, Finnischen und Rigaer Meerbusen über.

Durch ihre Lage in der humiden Klimazone sowie ihr großes Flußwassereinzugsgebiet, das ihre Fläche um das 4fache übertrifft, besitzt die Ostsee eine positive Wasserbilanz. Aus dem Überschuß an Süßwasser resultiert im langjährigen Mittel ein Ausstrom von etwa 1220 km³/a salzarmen Wassers in der oberflächennahen Schicht, während in der Tiefe rund 740 km³/a salzreichen Wassers einströmen (Brogmus, 1952).

Der Salzgehalt im Oberflächenwasser sinkt von nahezu marinen Werten (> 33‰) im Kattegat auf weniger als 2‰ im Inneren des Bottnischen und Finnischen Meerbusens ab. In der eigentlichen Ostsee liegt er zwischen 7,5 und 8‰.

2. Die ozeanologischen Besonderheiten der Ostsee

Eine der wichtigsten ozeanologischen Besonderheiten der Ostsee ist die permanente Salzgehaltssprungschicht, die zwischen dem salzärmeren Oberflächenwasser und dem salzreicheren Tiefenwasser ausgebildet ist. Diese Dichtesprungschicht, deren Tiefenlage von 20—40 m in den westlichen Teilgebieten auf 50—70 m in den zentralen Becken absinkt, schränkt den vertikalen Energie- und Stoffaustausch stark ein. Abb. 2 zeigt die Verteilung des Salzgehalts auf einem Längsschnitt durch die Tiefenbecken der eigentlichen Ostsee.

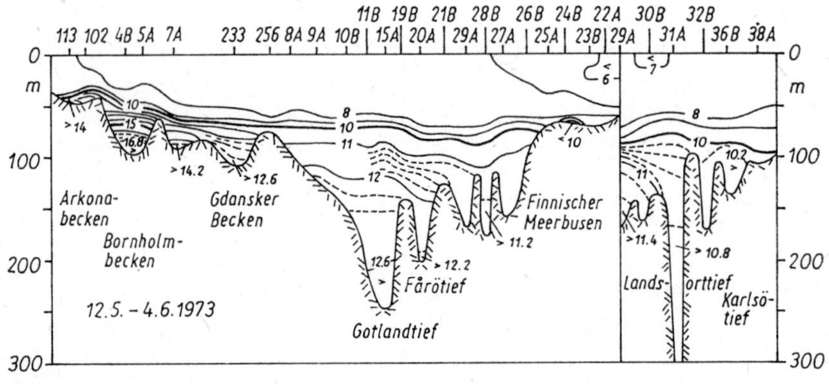

Abb. 2. Vertikale Salzgehaltsverteilung auf einem Profil durch die Tiefenbecken der zentralen Ostsee

Da die Ostsee in der gemäßigten Klimazone liegt, weisen die meisten ihrer ozeanologischen Größen oberhalb der Salzgehaltssprungschicht ausgeprägte Variationen auf, die eng mit dem Jahresgang der Sonneneinstrahlung zusammenhängen. So bildet sich mit zunehmender jahreszeitlicher Erwärmung eine sehr stabile Temperatursprungschicht aus, die eine flache warme Deckschicht von kaltem Zwischenwasser, in dem die Wintertemperaturen „konserviert" sind, abgrenzt. Charakteristische Jahresgänge werden auch beim Salz- und Sauerstoffgehalt, bei den Nährstoffen Phosphat und Nitrat sowie beim Phyto- und Zooplankton beobachtet.

Während der vertikale Austausch durch die Salzgehaltssprungschicht eingeschränkt wird, behindern die submarinen Schwellen den horizontalen Austausch. Daraus resultiert, daß das Bodenwasser der zentralen Ostseebecken zeitweise stagniert. Die Dauer der Stagnationsperioden beträgt im Mittel 2—3 Jahre. Die gegenwärtig im östlichen Gotlandbecken herrschende Stagnationsperiode hat bereits im Jahre 1978 begonnen.

Im Verlauf der Stagnationsperioden geht der Sauerstoffgehalt kontinuierlich zurück, da er bei der biochemischen Oxidation abgestorbenen organischen Materials, das in partikulärer Form aus der euphotischen Schicht herabsinkt, verbraucht wird. Darüber hinaus benötigen die im Meer lebenden Organismen Sauerstoff zur Atmung. Bei längeren Stagnationsperioden wird aller Sauerstoff aufgezehrt. Es entstehen anoxische Bedingungen, wobei das Wasser unter Bildung von Schwefelwasserstoff in Fäulnis

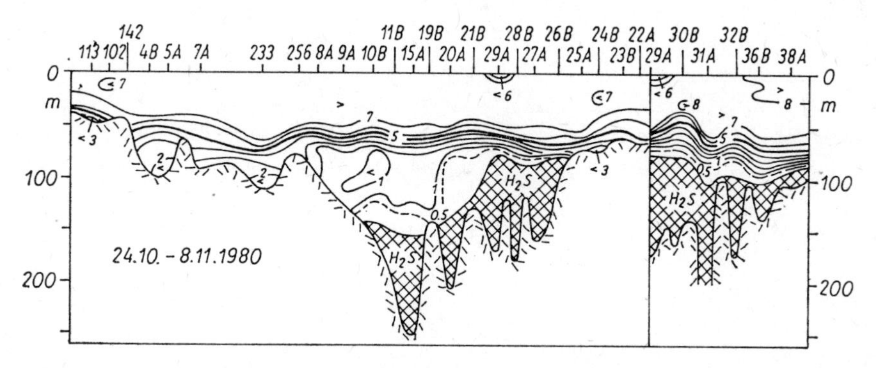

Abb. 3. Vertikale Sauerstoff-Schwefelwasserstoff-Verteilung durch die Tiefenbecken der zentralen Ostsee

übergeht. Abb. 3 zeigt die Sauerstoff-Schwefelwasserstoff-Verteilung während einer charakteristischen Stagnationsperiode. Gelegentlich ist auch im Bodenwasser des Bornholm- und Gdansker Beckens sowie der Beltsee Schwefelwasserstoff vorhanden (Nehring, Francke, 1981).

Das stagnierende Bodenwasser der zentralen Ostseebecken wird nur diskontinuierlich erneuert und dabei mit Sauerstoff versorgt. Voraussetzung hierfür sind anhaltende stürmische Winde aus westlichen Richtungen, die zu hohen Wasserständen im Skagerrak und Kattegat und zu Niedrigwasser in der westlichen Ostsee führen. Durch das daraus resultierende Wasserstandsgefälle kommt es in den Ostseezugängen zum Einstrom größerer Mengen salz- und sauerstoffreichen Wassers nicht nur in der grundnahen Schicht, sondern in der gesamten Wassersäule. Dieser Vorgang wird als Salzwassereinbruch bezeichnet, wenn die Menge des einfließenden Wassers und seine Dichte, die vorrangig durch den Salzgehalt bestimmt wird, ausreichen, um das stagnierende Bodenwasser in den zentralen Ostseebecken zu verdrängen. Modellrechnungen (Lass, 1985) zeigen, daß ein derartiges Ereignis nur eintritt, wenn die Pegeldifferenz zwischen Skagerrak und westlicher Ostsee mindestens 10 Tage lang 20—30 cm beträgt. Grobquantitative Abschätzungen haben ergeben, daß bei Salzwassereinbrüchen 20—50 km^3 (Nehring, Francke, 1981), im Extremfall 200 km^3 (Wyrtki, 1954), die Darßer Schwelle, das Haupthindernis auf dem Weg in die zentrale Ostsee, passieren.

Nach jeder Erneuerung stagniert das Bodenwasser so lange, bis es bei einem weiteren Salzwassereinbruch durch Wasser höherer Dichte verdrängt wird. Dies ist möglich, weil der Salzgehalt im Verlauf der Stagnationsperiode durch Vermischungs- und Austauschprozesse sowie durch Diffusion abnimmt (Abb. 4).

Die Verteilung der anorganischen Phosphor- und Stickstoffverbindungen im Bodenwasser der zentralen Ostseebecken wird ebenfalls durch den Wechsel von Stagnationsperioden und Wassererneuerung geprägt. Wie Abb. 4 erkennen läßt, nimmt der Phosphatgehalt im Verlauf der Umschichtung ab, während der Nitratgehalt ansteigt, weil das einströmende Wasser relativ phosphatarm und nitratreich ist. Solange ausreichend

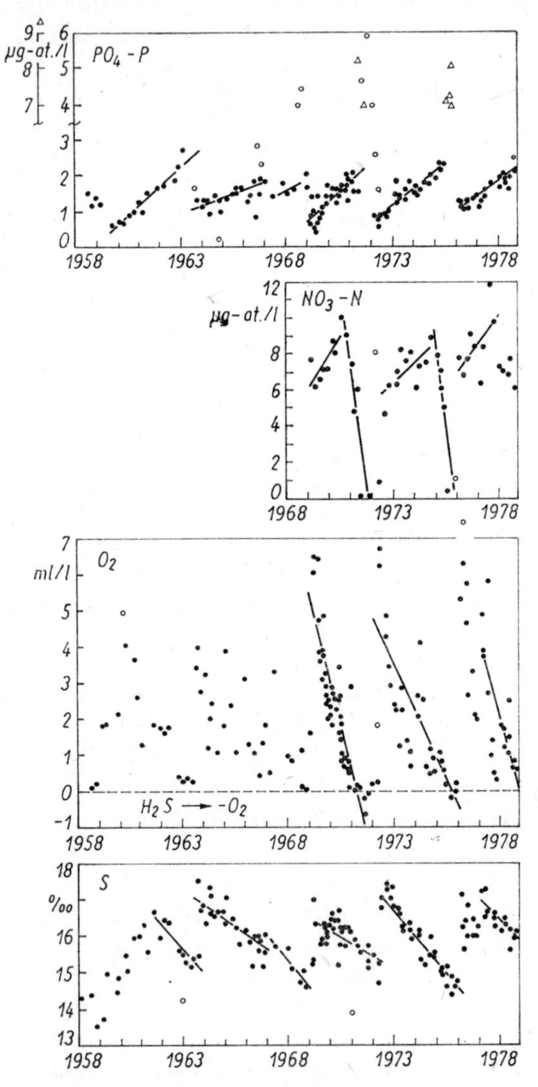

Abb. 4. Variationen ozeanologischer Größen im Bodenwasser des Bornholmtiefs (Station 5 A). Die Schwefelwasserstoffkonzentration wurde in negative Sauerstoffäquivalente umgerechnet.

Sauerstoff vorhanden ist (> 0,2 cm^3/dm^3), führen mikrobiologische Mineralisierungsprozesse zu Beginn der Stagnationsperiode zu einem relativ gleichförmigen Anstieg in der Konzentration beider Nährstoffe. Mit Verschlechterung der Sauerstoffbedingungen und dem Absinken des Redoxpotentials setzen Denitrifikationsprozesse ein, in deren Verlauf Nitrat mikrobiologisch zu molekularem Stickstoff reduziert und damit dem Nährstoffkreislauf entzogen wird. Wenn das Redoxpotential mit dem Wechsel vom oxischen zum anoxischen Milieu negative Werte erreicht, werden große Mengen an Phosphat und Ammonium zusammen mit Eisen(II)ionen aus dem Sediment freigesetzt.

Die in der lichtlosen Tiefe angereicherten Nährstoffe werden durch die Umschichtung des stagnierenden Bodenwassers teilweise reaktiviert, d. h., sie gelangen erneut in die lichtdurchflutete produktive Oberflächenschicht. Phosphat wird daneben auch als Eisen(III)phosphatkomplex ausgefällt, wenn der Übergang der anoxischen Bedingungen in oxische erfolgt. Dabei wird wahrscheinlich auch ein Teil des Nitrats, das mit dem einströmenden Wasser zugeführt wird, denitrifiziert (NEHRING, 1984a).

3. Langzeitvariationen

Neben den Veränderungen im Zeitbereich von Tagen bis zu einigen Jahren unterliegt sowohl das Oberflächen- als auch das Tiefenwasser der Ostsee langzeitigen Variationen. Nach MATTHÄUS (1985) ist seit Beginn dieses Jahrhunderts im Tiefenwasser ein regional unterschiedlicher, mittlerer Anstieg der Temperatur um 1,2—1,6 °C und des Salzgehalts um 0,7—1‰ eingetreten, während der Sauerstoffgehalt um 2,2—2,9 cm^3/dm^3 abgenommen hat. Diesen säkularen Trends sind Variationen kürzerer Perioden überlagert, wobei z. B. für den Zeitraum von 1952 bis 1969 sowohl in der Temperatur als auch im Salzgehalt ein signifikanter Rückgang festgestellt wurde, während im Sauerstoffgehalt eine erhebliche Verstärkung des negativen Trends gegenüber dem Gesamttrend eintrat.

Langzeitvariationen traten nicht nur bei den hydrographischen Parametern, sondern auch bei einigen produktionsbegrenzenden Nährstoffen ein. Phosphat und Nitrat sind die Endprodukte der mikrobiologischen Nährstoffmineralisierung unter oxischen Bedingungen. Sie sind daher besonders gut für Trenduntersuchungen geeignet. Im Tiefenwasser der Ostsee sind diese Untersuchungen auf die sauerstoffhaltigen Schichten beschränkt, weil, wie oben gezeigt wurde, Phosphat und Ammonium in Gegenwart von Schwefelwasserstoff aus den Sedimenten freigesetzt werden, während Nitrat zu gasförmigem Stickstoff reduziert wird, wenn der Sauerstoffgehalt unter etwa 0,2 cm^3/dm^3 absinkt.

Untersuchungen über die Langzeitvariationen des Phosphat- und Nitratgehalts in der Oberflächenschicht sind nur im Winter möglich, wenn das geringe Lichtangebot die Phytoplanktonentwicklung begrenzt. Die langfristige Zunahme der limitierenden Nährstoffe in der winterlichen Oberflächenschicht entspricht einer Eutrophierung.

Abb. 5 zeigt die Langzeittrends des Phosphat- und Nitratgehalts im 100-m-Horizont des Gotlandtiefs (Station 15A). Während Phosphat seit 1958 im Mittel sehr gleichförmig akkumuliert wurde, verlief die Nitratakkumulation ungleichmäßig. Seit 1978 ist dieser Nährstoff durch einen negativen Trend gekennzeichnet. Ein ähnliches Trendverhalten wurde auch im Tiefenwasser des Fårö- (Station 20A) und des Landsorttiefs (Station 31A) — ebenfalls in der zentralen Ostsee gelegene Stationen (Abb. 1) — beobachtet.

Keine Nährstofftrends traten im Tiefenwasser des Arkona- und Bornholmbeckens auf. Ursachen dafür sind der jahreszeitliche Austausch dieses Wasserkörpers im Arkonabecken sowie das gelegentliche Vordringen von Schwefelwasserstoff bis in den Bereich der Salzgehaltssprungschicht im Bornholmbecken. Beide Prozesse verdecken eventuell vorhandene Langzeitvariationen.

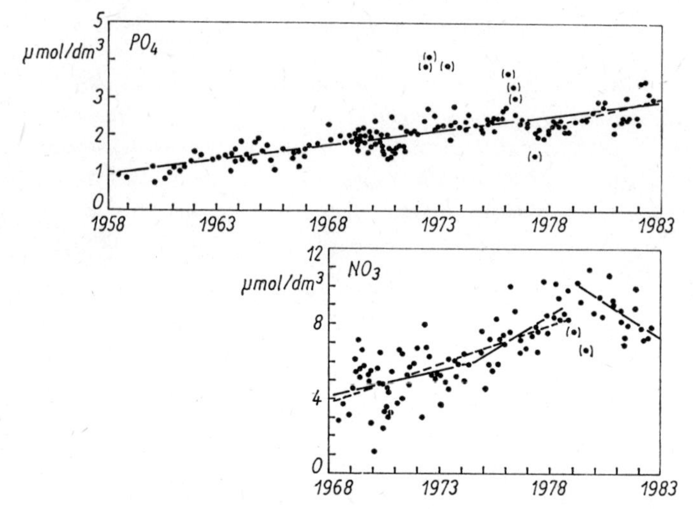

Abb. 5. Langzeittrends der Phosphat- und Nitratkonzentration im 100-m-Horizont des Gotlandtiefs (Station 15 A)

Die gegenwärtig für alle Teilgebiete der Ostsee durchgeführte Zustandseinschätzung der „Helsinkikommission zum Schutz der Meeresumwelt des Ostseegebietes" (HELCOM, 1987) zeigt, daß auch im Tiefenwasser des Kattegats und der Beltsee, des Gdansker Beckens sowie der Åland- und Bottensee eine Nährstoffakkumulation erfolgt ist, wobei in diesen Regionen, im Gegensatz zur zentralen Ostsee, der positive Trend beim Nitratgehalt bis in die Gegenwart hinein andauert. Im Tiefenwasser der Bottenwiek sowie des Finnischen und Rigaer Meerbusens war dagegen kein signifikanter Phosphattrend vorhanden, während der Nitratgehalt im Mittel ebenfalls zugenommen hat.

Phosphatkonzentrationen von 0,9 μmol/dm³ wurden bereits 1938 im Tiefenwasser der zentralen Ostsee gemessen (Fonselius, 1969). Diese Werte zeigen, daß der Prozeß der Phosphatakkumulation wahrscheinlich in den 50er Jahren begonnen hat.

Denitrifikationsprozesse, die mit einer langandauernden Stagnationsperiode und sehr ungünstigen Sauerstoffbedingungen in Verbindung stehen, sind offensichtlich die Ursache für die Abnahme des Nitratgehalts im oxischen Tiefenwasser der zentralen Ostseebecken im Zeitraum 1979 bis 1982. Diese Annahme wird durch die positive Korrelation zwischen Nitrat und Sauerstoff, die im Fårö- und Landsorttief beobachtet wurde (Nehring, 1984b), gestützt.

Langzeitveränderungen der Nährstoffe wurden nicht nur im Tiefenwasser, sondern auch in der winterlichen Oberflächenschicht beobachtet. Von dieser Eutrophierung, die in Abb. 6 am Beispiel der südöstlichen Gotlandsee erläutert wird, sind nahezu alle Teilgebiete der Ostsee betroffen (Nehring, 1984b, HELCOM, 1987). In der zentralen Ostsee erfolgte Ende der 60er Jahre eine Beschleunigung dieses Prozesses. Außerdem

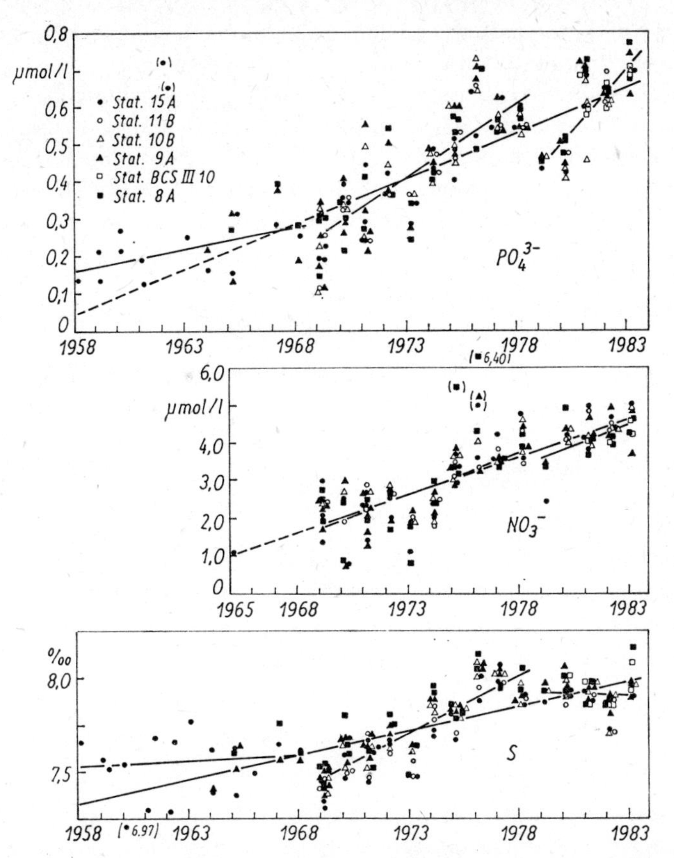

Abb. 6. Langzeittrends der Phosphat- und Nitratkonzentration sowie des Salzgehaltes und der Dichte in der winterlichen Oberflächenschicht der südöstlichen Gotlandsee

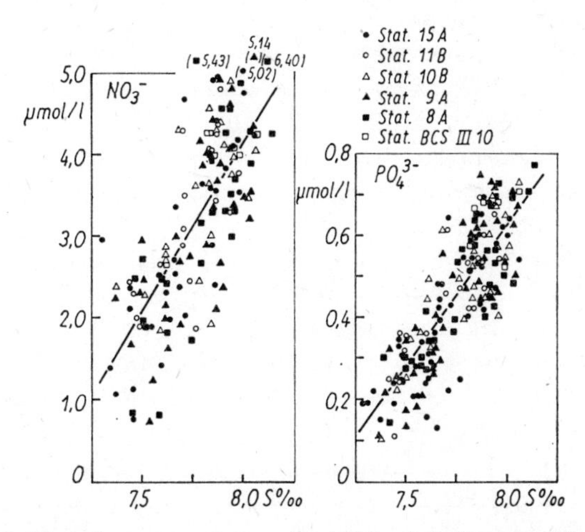

Abb. 7. Phosphat- und Nitratkonzentrationen in Abhängigkeit vom Salzgehalt in der winterlichen Oberflächenschicht (Mitte Januar bis Mitte April) der südöstlichen Gotlandsee (NO_3^-: 1969—1983, PO_4^{3-}: 1964—1983)

war die Nährstoffakkumulation eng mit einer Zunahme des Salzgehalts korreliert (Abb. 7). Diese Beziehung trat nur in der zentralen Ostsee auf.

Gründe, die im Zusammenhang mit der langfristigen Nährstoffakkumulation in der Ostsee diskutiert werden, sind anthropogene Aktivitäten und ozeanologische Veränderungen. Gegenwärtig kann nicht mit Sicherheit entschieden werden, welche Ursache dominiert. Die großen Mengen an Phosphor- und Stickstoffverbindungen, die durch kommunale und industrielle Abwässer und durch die Landwirtschaft direkt oder durch Flüsse sowie auf dem Weg über die Atmosphäre in die Ostsee eingebracht werden, deuten auf anthropogene Einflüsse hin.

Da andererseits eine anthropogene Beeinflussung des Salzgehalts gegenwärtig ausgeschlossen werden kann, deuten die engen Korrelationen, die zwischen der Zunahme des Nährstoffpotentials und des Salzgehalts in der winterlichen Oberflächenschicht der zentralen Ostsee bestehen, auf einen verstärkten aufwärts gerichteten Transport nährstoff- und salzreichen Tiefenwassers und damit auf hydrographische Veränderungen hin. Dieser Prozeß, der eng mit dem Wasseraustausch durch die Ostseezugänge zusammenhängt (NEHRING u. a., 1984), beschleunigt die Remobilisierung der im Tiefenwasser akkumulierten Nährstoffe.

Im Bottnischen, Finnischen und Rigaer Meerbusen sowie im Kattegat und in der Beltsee bestehen keine derartigen Korrelationen (HELCOM, 1987). Das zunehmende Nährstoffpotential in der winterlichen Oberflächenschicht dieser Ostseeregionen muß daher vorrangig anthropogenen Einflüssen zugeschrieben werden.

4. Folgeerscheinungen der Eutrophierung

Unabhängig davon, ob anthropogene oder natürliche Ursachen dominieren, entwickelt sich die starke Eutrophierung der Ostsee zu einem ernsten Problem. Zu erwartende Konsequenzen sind eine ansteigende biologische Produktion sowie eine verstärkte Belastung des Sauerstoffregimes im Tiefenwasser.

Nach anfänglichen Schwierigkeiten ist es inzwischen gelungen, den auf 3% geschätzten, jährlichen Anstieg der biologischen Größen in der Ostsee teilweise zu verifizieren. Ausgehend von der Sommersituation, in der sich das pelagische System in einem relativ stabilen Gleichgewicht befindet und nicht lichtlimitiert ist, waren die mittleren Produktionsraten und Biomassewerte des Phytoplanktons in der Arkonasee für den Zeitraum 1980—1983 signifikant höher als von 1976—1978 (SCHULZ, BREUEL, 1983; HELCOM, 1987).

Ein anderer Hinweis auf die Eutrophierung der Ostsee ist die Biomassezunahme der benthisch lebenden Weichbodenmakrofauna, sofern deren Entwicklung nicht durch Sauerstoffmangel begrenzt ist (CEDERWALL, ELMGREN, 1980, HELCOM, 1987). Ähnlich ist das verstärkte Auftreten der Ohrenqualle Aurelia aurita zu werten, die vor allem in den westlichen Teilgebieten der Ostsee bereits zu Behinderungen der Fischerei geführt hat.

Die in Abb. 8 dargestellte günstige Entwicklung der Ostseefischerei ist ein weiterer Indikator für die Eutrophierung. Die starke Zunahme der Gesamtfänge an Hering, Dorsch und Sprott, den wichtigsten Ostseefischarten, ist bis 1970 hauptsächlich auf die Einführung des pelagischen Netzes und auf die teilweise Verlagerung der Nordseefischerei in die Ostsee zurückzuführen (pers. Mitt. RECHLIN, 1980). Später nahm der

Fischereiaufwand langsamer zu. Die nach 1970 weiter ansteigenden Erträge können daher teilweise auf die günstige Bestandsentwicklung einiger Fischarten infolge erhöhter Bioproduktion der Ostsee zurückgeführt werden. Die stärkere Befischung wird u. a. durch höhere Wachstumsraten bei besserem Nahrungsangebot ausgeglichen (Friess, Kästner, 1982). Die vorübergehend abnehmenden Erträge der Gesamtfänge nach 1975 (Abb. 8) sind wahrscheinlich eine Folge von Fangbeschränkungen und schwächeren Sprottjahrgängen. Mit etwa 900000 t erreichten die Anlandungen aus der Ostsee jedoch 1980 bereits einen neuen Höchstwert.

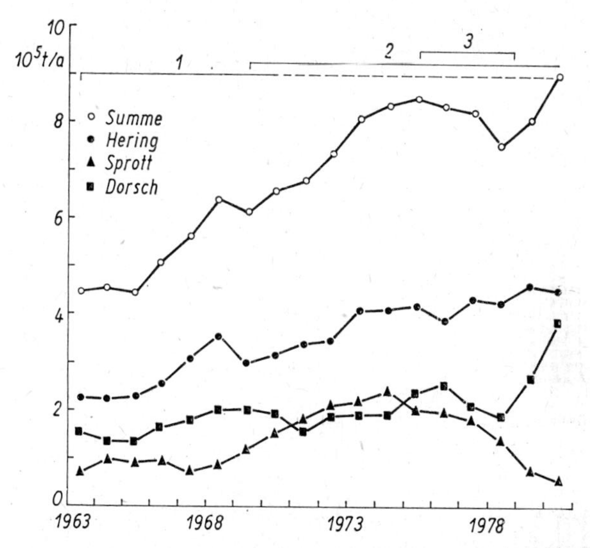

Abb. 8. Jahresfänge der wichtigsten kommerziellen Fischarten der Ostsee (ICES 1981a, b). Veränderungen vorrangig bedingt durch zunehmenden Fischereiaufwand (*1*), Eutrophierung (*2*) und Fangbeschränkungen (*3*)

Den insgesamt positiven Auswirkungen der Eutrophierung auf die Fischerei steht die zunehmende Belastung des Sauerstoffregimes im Tiefenwasser der Ostsee gegenüber, weil immer größere Mengen an totem organischem Material, die entweder aufgrund der verstärkten Nährstoffzufuhr in die euphotische Schicht erzeugt werden oder über die Festlandsabflüsse zugeführt werden, unter Sauerstoffverbrauch biochemisch abgebaut werden müssen. Dadurch breiten sich die Areale mit Sauerstoffmangel und Schwefelwasserstoff im Tiefenwasser aus, so daß der Lebensraum, der den Grundfischbeständen und benthisch lebenden, aeroben Organismen zur Verfügung steht, eingeschränkt wird. Außerdem steigt die Schwefelwasserstoffkonzentration an, so daß die Menge des bei kleineren Salzwassereinbrüchen zugeführten Sauerstoffs nicht mehr zur Umwandlung der anoxischen Bedingungen in oxische ausreicht (Nehring, Francke, 1985). Begünstigt wird diese unheilvolle Entwicklung durch die im Mittel beobachtete, langfristige Erwärmung des Tiefenwassers, weil dadurch die biochemischen Abbauprozesse und die Sauerstoffzehrung beschleunigt werden (Kullenberg, 1970).

5. Ausblick

Die zunehmende anthropogene Belastung der Ostsee mit Stickstoffverbindungen scheint auf die Dauer gesehen reversibel zu sein. Mit der Verschlechterung der Sauerstoffbedingungen setzt eine verstärkte Denitrifikation ein, in deren Verlauf gebundener Stickstoff in biologisch schwer verwertbaren molekularen Stickstoff (N_2) umgewandelt und dadurch dem Nährstoffkreislauf entzogen wird.

Im Gegensatz dazu werden Phosphorverbindungen nur unvollständig und vorübergehend, beispielsweise durch Ausfällung und Sedimentation als Eisen(III)phosphatkomplex, aus dem biogeochemischen Kreislauf entfernt. Unter anoxischen Bedingungen erfolgt die Remobilisierung dieses Nährstoffes aus dem Sediment. Die zunehmende Phosphatbelastung der Ostsee ist daher wesentlich problematischer als die Belastung mit Stickstoffverbindungen.

Nährstoffe anthropogener Herkunft, die durch die Festlandsabflüsse oder auf dem Weg über die Atmosphäre ins Meer gelangen, müssen als Schadstoffe betrachtet werden, wenn sie einem Meeresgebiet mit begrenztem horizontalen und vertikalen Wasseraustausch zugeführt werden. Unter diesem Aspekt zählt die Ostsee zu den besonders stark gefährdeten Regionen des Weltmeeres. Dies um so mehr, weil alle sieben Ostseeländer hochentwickelte Industriestaaten sind und in den zahlreichen Städten der Küstenregion etwa 20 Mill. Menschen leben; für das gesamte Einzugsgebiet der Ostsee muß sogar mit 140 Mill. Menschen gerechnet werden. Die Industrie, kommunale Einrichtungen sowie die in einigen Ostseeländern intensiv betriebene Landwirtschaft sind die potentiellen Quellen für die Belastung der Ostsee, nicht nur mit Algennährstoffen und sauerstoffzehrendem organischem Material, sondern auch für andere Schadstoffe. Gegenwärtig werden daher große internationale Anstrengungen unternommen, um die Ostsee vor einer irreversiblen Schädigung zu bewahren und ihre natürlichen Ressourcen zu erhalten. So besteht seit 1974 eine „Konvention über den Schutz der Meeresumwelt des Ostseegebietes“, der inzwischen alle Ostseeländer beigetreten sind.

Die internationale Zusammenarbeit im Ostseeraum im Rahmen dieses Abkommens betrifft nicht nur den Seeverkehr und die Hafenwirtschaft sowie Kontroll- und Überwachungsprogramme auf dem Gebiet des marinen Umweltschutzes, sondern sie beinhaltet auch die Erforschung der grundlegenden physikalischen, chemischen und biologischen Prozesse, die die Ausbreitung und den Verbleib der Schadstoffe steuern. Sie gilt trotz vielfältiger Probleme als vorbildlich auch für andere Regionen des Weltmeeres.

Literatur

Brogmus, W.: Eine Revision des Wasserhaushaltes der Ostsee. — Kieler Meeresforsch. **9** (1952), 15—42.

Cederwall, H., und Elmgren, R.: Biomass increase of benthic macrofauna demonstrates eutrophication of the Baltic Sea. — Ophelia, Suppl. **1** (1980) 287—304.

Fonselius, S.: Hydrography of the Baltic deep basins III. — Fishery Board of Sweden, Ser. Hydrogr. **23** (1969) 1—97.

Friess, C. C., und Kästner, D.: Beiträge zur Bestandsentwicklung, Nachwuchsbeurteilung und fischereilichen Nutzung des Rügenschen Frühjahrsherings in den Jahren 1976—1979. — Fischerei-Forsch. **20** (1982) 21—25.

HELCOM: First periodic assessment of the state of the marine environment of the Baltic Sea Area, 1980–1985; Background Document. — Baltic Sea Environment Proceed. No **17 B** (1987) 35–81.

ICES: Report of the working group on assessment of demersal stocks in the Baltic. — C. M. 1981 (a)/ J : 2, 1–45.

ICES: Report of the working group on assessment of pelagic stocks in the Baltic. — C. M. 1981(b)/ J : 4, 1–119.

Kullenberg, G. E. B.: On the oxygen deficit in the Baltic deep water. — Tellus **22** (1970) 357.

Lass, H. U.: Modellierung des Wasseraustausches zwischen Nord- und Ostsee. — Vortrag, Jahreskonferenz 1985 des Instituts für Meereskunde, Rostock-Warnemünde.

Matthäus, W.: Grundzüge der regionalen und physikalischen Ozeanologie der Ostsee. — Geogr. Ber. **114** (1985) 1–15.

Nehring, D.: Hydrographisch-chemische Untersuchungen in der Ostsee von 1969–1978. II. Die chemischen Bedingungen und ihre Veränderungen unter besonderer Berücksichtigung des Nährstoffregimes. — Geod. Geoph. Veröff. R. IV, H. 35 (1981) 39–220.

Nehring, D.: Chemical investigations into nitrate reduction in Baltic deep waters. — Beiträge z. Meeresk. **51** (1984a) 51–56.

Nehring, D.: The further development of the nutrient situation in the Baltic proper. — Ophelia, Suppl. **3** (1984b) 167–179.

Nehring, D., und Francke, E.: Hydrographisch-chemische Untersuchungen in der Ostsee von 1969–1978. I. Die hydrographischen Bedingungen und ihre Veränderungen. — Geod. Geoph. Veröff. R. IV, H. 35 (1981) 1–38.

Nehring, D., und Francke, E.: Die hydrographisch-chemischen Bedingungen in der westlichen und zentralen Ostsee im Jahre 1983. — Fischerei-Forsch. **23** (1985) 7–17.

Nehring, D., Schulz, S., und Kaiser, W.: Long-term phosphate and nitrate trends in the Baltic proper and some biological consequences — a contribution to the eutrophication discussion concerning these waters. — Rapp. P. v. Réun. Cons. int. Explor. Mer **181** (1983) 190–200.

Schulz, S., und Breuel, G.: On the varability of some biological parameters in the summer pelagic system of the Arkona Sea. — Limnologica **15** (1984) 365–370.

Wyrtki, C.: Der große Salzeinbruch in die Ostsee im November und Dezember 1951. Kieler Meeresforsch. **10** (1954) 19–25.

Anschrift des Verfassers:

Prof. Dietwart Nehring
Institut für Meereskunde der AdW der DDR
Seestr. 15
DDR-253 Rostock-Warnemünde

Die Weiterentwicklung der Theorie als ein Schwerpunkt hydrologischer Forschung

PETER MAUERSBERGER

1. Einleitung

Weltweit wachsen Probleme der Sicherung der Wasserversorgung. Nach Einschätzung der Weltgesundheitsorganisation werden z. Z. 25% der Weltbevölkerung ungenügend mit Wasser versorgt und sterben jährlich 20 Mio Menschen an Krankheiten, die durch mangelhafte Wasserversorgung verursacht werden. Die Wechselwirkungen zwischen der Gesellschaft und den aquatischen Ökosystemen verstärken sich allerorts. Für Industriestaaten wird Wasser zum begrenzenden Faktor weiterer Entwicklungen der Volkswirtschaft. Die Wassernutzung muß in eine systematische Gewässerbewirtschaftung überführt werden. Dazu werden in dem Gewässer die Meßnetze ausgebaut sowohl hinsichtlich der räumlich-zeitlichen Meßdichte als auch bezüglich der gemessenen Größen. Die Meßergebnisse gehen in Datenbanken und in „mathematische Modelle" ein. Neben statistischen Datenauswerteverfahren werden „deterministische" Modelle verwendet: Die Koeffizienten bzw. „Parameter" eines fest vorgegebenen Systems von Gleichungen (in der Regel: Differentialgleichungen) werden an die Meßreihen „angepaßt". Häufig wird zuerst gemessen und nachträglich ein zur Beschreibung der Meßwerte geeignet erscheinendes Gleichungssystem gewählt und angewendet. Dieser Weg bietet gewisse Erfolgschancen, ist aber ineffektiv angesichts der erhöhten Anforderungen, die sowohl an die Gewässerbewirtschaftung als auch an die hydrologische Forschung gestellt werden.

Zum Beispiel denke man an die sehr große Anzahl industriell erzeugter organischer Substanzen, die in die Gewässer eingebracht werden und dort in mannigfaltige Wechselwirkungen untereinander, mit natürlichen Wasserinhaltsstoffen und mit der Biozönose treten. Die Zahl möglicher Reaktionen und der Umfang hydrochemischer Analytik im Spurenbereich (ppm bis ppb) wachsen immer schneller. Unabdingbare Voraussetzung der Gewässerbewirtschaftung ist die umfassende Abwasserreinigung vor der Einleitung in Gewässer, d. h., solange überschaubare Stoffgemische in technisch handhabbaren Konzentrationen vorliegen. Mit den Auswirkungen der verbleibenden Restkonzentrationen auf die Gewässerbeschaffenheit und mit dem Selbstreinigungsvermögen der Gewässer müssen sich Wasserwirtschaft und hydrologische Forschung befassen. Dazu sind zweifellos umfangreiche Messungen in Gewässern erforderlich. Es werde aber nochmals betont, daß die formale mathematische Simulation der in einem Gewässer in begrenzten Zeitintervallen gewonnenen Meßergebnisse mit Hilfe eines fest vorgegebenen Systems von gekoppelten Differentialgleichungen und Parameterwerten keine sichere Prognose tiefgreifender Veränderungen des Ökosystems bei sich stark ändernden äußeren Bedingungen ermöglicht. Derartige mathematische Modelle erfassen die Erscheinungen der Selbstadaption und Selbstorganisation dieser Systeme nur ungenügend, wenn überhaupt. Die Messungen können stets nur einen Teil der sich im Gewässer überlagernden Prozesse, inneren Zustands- und externen Einflußgrößen erfassen. Außerdem realisiert das Ökosystem innerhalb des begrenzten Beobachtungszeitraumes nicht alle ihm möglichen Verhaltensweisen. Diese sind deshalb aus den Messungen nicht vollständig ablesbar. Die exakte meßtechnische Erfassung funktioneller und struktureller Zusammenhänge in aquatischen Ökosystemen durch gekoppelte biologische, chemische und physikalische Messungen muß eng verbunden sein mit dem Ausbau der Theorie dieser Systeme.

Angesichts dieser Situation darf die hydrologische Forschung ihre Anstrengungen nicht auf Datensammlung und -auswertung konzentrieren. Sie muß die Weiterentwicklung der Theorie und die Ableitung gezielter Meßprogramme aus der Theorie zum Schwerpunkt wählen. Diese dem Physiker selbstverständliche Vorgehensweise muß in der hydrologischen Grundlagenforschung verstärkt werden, weil nur dadurch Beiträge zur Lösung lokaler Tagesprobleme der Wasserwirtschaft gesichert werden können. Nur durch die vertiefte Erkundung und Analyse der *Grundgesetze*, welche den Zustand und die Entwicklung anthropogen beeinflußter aquatischer Ökosysteme bestimmen, können wissenschaftliche Voraussetzungen der Gewässerbewirtschaftung entscheidend verbessert werden.

2. Entwicklungslinien der Theorie aquatischer Ökosysteme

Die Entwicklung der Theorie aquatischer Ökosysteme ist gekennzeichnet

- durch die Anwendung thermodynamischer Methoden, durch welche die in den Grundgesetzen der Physik, Chemie und Biologie aggregierten Kenntnisse in die Theorie der aquatischen Ökosysteme eingebracht werden;
- durch die Kopplung der „deterministischen" Betrachtungsweise mit Methoden der Synergetik und der stochastischen Theorie;
- durch die Kopplung thermodynamischer und kybernetischer Verfahren.

Die thermodynamische Theorie wurde auch auf Probleme der Beschaffenheit des Grundwassers ausgedehnt (Mauersberger 1979, Diersch, 1985). Die thermodynamische Theorie läßt erkennen, an welchen Stellen Verfahren der Synergetik (Haken 1983) bzw. Methoden der Behandlung stochastischer Systeme (Mastergleichung) einzusetzen sind (Nicolis und Prigogine 1977, Ebeling und Feistel 1982). Es handelt sich u. a. um die „Umgebung" kritischer Werte der äußeren Einflußgrößen oder/und der systeminternen „Kontrollparameter", kritischer Werte, für welche die dem System innewohnenden Schwankungen der Zustandsgrößen („Fluktuationen") so stark anwachsen, daß sie die „Mittelwerte" der Zustandsgrößen, d. h. den Systemzustand, verändern.

Die systemanalytisch-kybernetische Betrachtung aquatischer Ökosysteme trägt u. a. das wichtige Werkzeug der Polyoptimierung in hierarchisch strukturierten Systemen ein. Wo liegt die Verbindung zur thermodynamischen Theorie? Die kybernetisch beschriebenen Kopplungen zwischen Subsystemen bzw. Systemkomponenten werden durch physikalische, chemische und biologische Prozesse bewirkt. Daraus folgt die Aufgabe, Untersuchungen über Möglichkeiten der Kombination dieser beiden Methoden anzustellen.

Ein erster erfolgreicher Schritt zur Kombination thermodynamischer und kybernetischer Verfahren in der Theorie aquatischer Ökosysteme erfolgte im Rahmen der bilateralen Zusammenarbeit des Bereiches Hydrologie des Instituts für Geographie und Geoökologie der AdW der DDR mit dem Hydrobiologischen Laboratorium des Instituts für Landschaftsökologie der CSAV. Es wurde gezeigt, daß die in beiden Methoden angewendeten Optimierungsverfahren einander nicht widersprechen, sondern ergänzen. Zum Beispiel konnten Ansätze für die Abhängigkeit der Prozesse der Algendynamik von Steuergrößen, welche in der kybernetischen Betrachtungsweise bisher aus Messungen erschlossen werden mußten und deshalb nur näherungsweise und unsicher bekannt waren, thermodynamisch begründet und präzisiert werden. Die Bedeutung der Synthese beider Methoden liegt in der Möglichkeit, Modelle der Selbstadaption und Selbstorganisation aquatischer Ökosysteme weiterzuentwickeln.

3. Thermodynamische Grundlagen der Theorie

Die nichtlineare Thermodynamik irreversibler Prozesse bietet der Hydrologie eine zwar nicht vollendete, aber weit entwickelte makroskopische Theorie physikalischer und chemischer Vorgänge in Gewässern. Sie umfaßt die Grundgleichungen der Hydrodynamik und die makroskopische Theorie chemischer Reaktionen. Zu den Grundgleichungen der Thermodynamik irreversibler Prozesse gehören (vergl. z. B. B. HAASE 1951, MEIXNER und REIK 1959) die

- Massenbilanzen des Wassers und der (chemischen) Wasserinhaltsstoffe,
- Impulsbilanz, für das „System" Wasser plus Inhaltsstoffe,
- Energiebilanz für das Gesamtsystem,
- GIBBSsche Fundamentalgleichungen bzw. eine andere Fassung der thermodynamischen Basis (z. B. COLEMAN und NOLL 1963),
- Randbedingungen für den Masse-, Impuls- und Energieaustausch zwischen dem betrachteten Wasserkörper und seiner „Umgebung",
- Anfangsbedingungen.

Aus diesen Gleichungen folgt die Entropiebilanz. Der zweite Hauptsatz fordert, daß die lokale Entropieerzeugung eine positive definitive Größe ist. Sie hat die Gestalt einer Bilinearform, aus welcher auf die physikalischen und chemischen Stoff-, Impuls- und Energieströme sowie auf die diese „Flüsse" treibenden „Kräfte" geschlossen werden kann. Ferner lassen sich Aussagen ableiten über

- die Stabilität stationärer Zustände und ihren Charakter als Attraktor bzw. Separatrix für instationäre Prozesse,
- kritische Werte von „Kontrollparametern" und
- die Rolle der Fluktuation für die Entwicklung nichtlinearer Systeme.

Hier liegt eine der Stellen, an denen die „deterministische" Betrachtungsweise mit Methoden der Behandlung stochastischer Systeme (Mastergleichung), aber auch mit Verfahren der Synergetik gekoppelt werden müssen.

4. Erweiterung um biologische Vorgänge

Eine makroskopische Theorie der Prozesse, welche die Gewässerbeschaffenheit bestimmen, muß das biologische Geschehen in ausreichender Näherung umfassen, d. h. die Bildung organischer Substanz aus anorganischen „Nährstoffen" (Primärproduktion), die Stoff- und Energieströme in der Nahrungskette und den Abbau toter organischer Substanz (Remineralisierung). Diese Lebensvorgänge stehen in engen Zusammenhängen mit den physikalischen Zustandsgrößen (wie Temperatur, Lichtregime) bzw. Prozessen

(Diffusion, Sedimentation, Aufwirbelung usw.), mit den Konzentrationen der gelösten oder partikulären chemischen Wasserinhaltsstoffe und mit deren physikalisch, chemisch und biologisch bedingten räumlich-zeitlichen Veränderungen.

Wie in der Einleitung hervorgehoben wurde, ist es nicht nur wissenschaftlich interessant, sondern auch volkswirtschaftlich geboten, dieses komplexe Geschehen durch eine makroskopische Theorie zu erfassen und den Zugang zu schaffen zu den von der Thermodynamik irreversibler Prozesse eröffneten Möglichkeiten einer Theorie offener Systeme, welche die erwähnten Stabilitätsaussagen und die Kopplung mit der Theorie stochastischer Prozesse in derartigen Systemen enthält. Deshalb wurde die Thermodynamik irreversibler Prozesse erweitert zu einer phänomenologischen Beschreibung biologischer Produktions- und Destruktionsvorgänge in Gewässern (Mauersberger, 1978, 1984a).

Für die „Biokomponenten" (z. B. Species oder „Speciesgruppen") sind Massenbilanzgleichungen mitzuführen. Impuls- und Energiebilanz enthalten „biologische" Terme. Die Gibbssche Fundamentalgleichung wird im biologische Glieder erweitert und die Entropiebilanz hergeleitet. Aus der Bilinearform der lokalen Entropieerzeugung lassen sich auch die treibenden Kräfte („Affinitäten") der biologischen Prozesse und ihre Abhängigkeiten von physikalischen, chemischen und biologischen Zustandsgrößen ablesen.

Die Raten der biologischen Prozesse hängen nichtlinear von ihren Affinitäten ab. (Lediglich die „Kreuzeffekte", d. h. die Abhängigkeit einer Rate von den Affinitäten anderer Prozesse, können linear approximiert werden.) Diese nichtlinearen Abhängigkeiten werden durch die Thermodynamik irreversibler Prozesse nicht zwingend festgelegt. Dies entspricht der Tatsache, daß das biologische Geschehen den physikalischen und chemischen Grundgesetzen nicht widerspricht, durch diese Gesetze jedoch nicht vollständig bestimmt wird. Es ist mindestens eine zusätzliche, das biologische Geschehen kennzeichnende, mit den Axiomen der Theorie verträgliche Forderung hinzuzufügen. Dabei gehen wir von der Erfahrung aus, daß in der Natur häufig Zustände beobachtet werden, die nahe bei Fließgleichgewichten, d. h. bei stabilen stationären Zuständen, liegen. In nichtlinearen physikalisch-chemischen Systemen sind stationäre Zustände stabil, wenn die lokale Exzessentropieproduktion positiv definiert ist. Biologische Systeme sind, u. a. durch Adaption, fähig, stationäre Zustände „auszuweiten". Deshalb wurde eine generalisierte Exzessentropieproduktion E für die biologischen Prozesse eingeführt (Mauersberger 1982a, 1985a). Diese Größe spielt eine entscheidende Rolle in der Forderung, die zusätzlich zu den um biologische Variable und Prozesse erweiterten thermodynamischen Grundgleichungen gestellt wird.

Wir lassen zu, daß die Biozönose von einem Fließgleichgewicht abweicht, postulieren aber, daß diese Abweichung im Mittel über ein endlich großes Zeitintervall τ möglichst klein bleibt (Mauersberger 1982a, 1985a). Die lokale Entwicklung der Biozönose während dieses Zeitraumes wird durch die Affinitäten der biologischen Produktions- und Destruktionsprozesse so gesteuert, daß das Integral über E einem Minimum zustrebt:

$$\int_{t-\tau}^{t} E \, \mathrm{d}t' \to \min, \tag{1}$$

wobei die Massenbilanzgleichungen ständig erfüllt werden. Dieses Optimalprinzip ist im Sinne der dynamischen Optimierung (Bellman 1957) zu verstehen. Das Zeitintervall τ ist begrenzt durch die Forderung, daß die deterministische Betrachtungsweise zulässig ist, d. h., daß Fluktuationen der Zustandsgrößen nicht spontan zu endlichen Zustandsänderungen anwachsen. Die Phasen spontaner stochastischer Entwicklung müssen mit anderen Verfahren behandelt werden.

Mit Hilfe des Optimalprinzipes (1) werden die nichtlinearen Abhängigkeiten der Raten biologischer Prozesse von den treibenden Kräften bestimmt. Durch die Kombination der Entropiebilanz mit dem Optimalprinzip erhält man die Raten als Funktionen der physikalischen, chemischen und biologischen Zustandsgrößen (Mauersberger 1982b, 1983, 1984b). Werden diese Funktionen in die Massenbilanzen eingesetzt, dann resultieren die Gleichungen der Populationsdynamik. Hierauf gehen wir an dieser Stelle nicht näher ein.

5. Kopplung von Kybernetik und Thermodynamik

Zur Beantwortung vieler wissenschaftlicher und wasserwirtschaftlicher Fragestellungen ist die Kenntnis aller physikalischen, chemischen und biologischen Zustandsgrößen und ihrer weiteren Entwicklung nicht unbedingt erforderlich. Es kann z. B. genügen, die Gesamtmenge der Schwebstoffe im Wasser oder die Biomasse der dominanten Algenart zu kennen. Hieraus resultiert das Streben, derartige Größen „direkt" zu bestimmen und nicht über den „Umweg" umfangreicher Detailuntersuchungen und deren Synthese. Dabei wird häufig von dem Postulat ausgegangen, die Entwicklung der Biozönose erfolge derart, daß eine charakteristische „integrale" Größe einem Extremum zustrebe. Zum Beispiel wird angenommen, die Biomasse B der dominanten Phytoplanktonart in einem See oder Speicher könne aus einem Optimalprinzip

$$\int_0^t B(t')\,\mathrm{d}t' \to \max \tag{2}$$

berechnet werden (Straškraba 1979). Auch andere Prinzipien wurden vorgeschlagen, die wir hier nicht diskutieren können. (Vergl. z. B. Straškraba, Gnauck 1983.)

Radtke und Straškraba (1980) verwenden das (mittlere) Biovolumen V der Phytoplanktonarten als einen kontinuierlich veränderlichen Parameter („Steuervariable") zur Charakterisierung bzw. Unterscheidung der Species. Um das Prinzip (2) anwenden zu können, benötigen sie die Abhängigkeit der Produktions- und Abbauraten (Primärproduktion, Respiration usw.) von diesem Parameter. Aus Beobachtungsergebnissen gewannen sie lineare Approximationen für die Abhängigkeiten dieser Raten vom Biovolumen V.

Ohne mit diesen wenigen Bemerkungen die kybernetische Methode der Ökosystemmodellierung ausreichend beschrieben zu haben, wenden wir uns der Kopplung mit der Thermodynamik zu (Mauersberger, Straškraba 1984, 1985, 1987).

Als ein erster Kopplungsschritt wurden die von Radtke und Straškraba (1980) angewendeten empirischen Approximationen der Zusammenhänge zwischen den Raten und dem Parameter V mit Hilfe des Prinzipes (1) auf theoretischem Wege begründet und präzisiert (Mauersberger 1985b). Dazu muß zunächst die Abhängigkeit der Affinitäten von der Größe V festgelegt werden. Dann ergibt (1) die Raten als nichtlineare Funktion von V, Temperatur, Lichtintensität und den Konzentrationen der Wasserinhaltsstoffe. Beim Vergleich der theoretischen mit den empirischen Kurven

(Abb. 1) ist zu beachten, daß letztere von Radtke und Straškraba (1980) wegen des begrenzten Beobachtungsmaterials linear gewählt werden mußten, obwohl die Nichtlinearität dieser Beziehungen erwartet wurde. Diese thermodynamisch hergeleitete Nichtlinearität spielt eine wichtige Rolle in den Prozessen der Selbstregulierung und Selbstorganisation, zu deren theoretischer Behandlung durch die Kopplung der thermodynamischen und der kybernetischen Methoden in der Theorie der Gewässerbeschaffenheit ein Beitrag geleistet werden konnte.

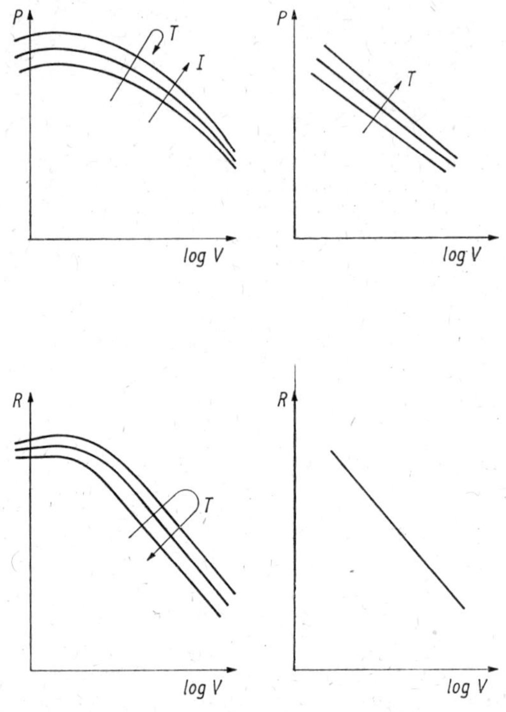

Abb. 1. Qualitativer Vergleich theoretischer (links) und empirischer Abhängigkeiten (rechts) der Photosyntheserate P bzw. Respirationsrate R vom mittleren Biovolumen V der Individuen einer Spezies. Die Pfeile zeigen die Veränderungen der Kurven bei zunehmender Temperatur T bzw. Lichtintensität I.

Literatur

Bellman, R.: Dynamic Programming, Princetown UP, Princetown (N. Y.) 1957.

Baranowski, B.: Nichtgleichgewichts-Thermodynamik in der Physikalischen Chemie, VEB Dt. Verl. Grundstoffindustrie, Leipzig 1975.

Coleman, B. D., W. Noll: Thermodynamics of elastic materials with heat conduction and viscosity. Arch. Rat. Mech. Anal. **13** (1963) 167—178.

Diersch, H. J.: Modellierung und numerische Simulation geohydrodynamischer Transportprozesse. Diss. (B), AdW der DDR, FoB Mathematik, 1985.

Ebeling, W., R. Feistel: Physik der Selbstorganisation und Evolution. Akademie-Verlag Berlin 1982.

Haase, R.: Zur Thermodynamik irreversibler Prozesse. Z. Naturforschung **6a** (1951) 420—437 u. 522—540.

HAKEN, H.: Advanced Synergetics. Springer-Verl., Berlin/Heidelberg/New York/Tokyo 1983.
MAUERSBERGER, P.: On the theoretical basis of modelling the quality of surface and subsurface waters. IAHS-AISH-Publ. 125 (1978) 14—23.
—: Die Thermodynamik irreversibler Prozesse als Bindeglied zwischen der deterministischen und der stochastischen Theorie von Transport- und Stoffumwandlungsprozessen im Grundwasser. Wiss. Konferenz „Simulation der Migrationsprozesse im Boden- und Grundwasser", TU Dresden, Bd. 2 (1979) 95—112.
—: Zur Bestimmung der nichtlinearen Beziehungen zwischen Raten und Affinitäten bei Produktions- und Abbauprozessen im aquatischen Ökosystem. Acta hydrophysica **27** (1982a) 125 bis 130.
—: Rates of primary production, respiration and grazing in accordance with balances of energy and entropy. Ecol. Modelling **17** (1982b) 1—10.
—: General Principles in Deterministic Water Quality Modelling. In: G. T. ORLOB (Ed.), Mathematical Modelling of Water Quality: Streams, Lakes, and Reservoirs. Wiley, Chichester/New York/Brisbrane/Singapore. Internat. Ser. Appl. Systems Analysis No. 12 (1983) S. 42—115.
—: О совершенствовании теории свойств водных масс озер и водохранилищ. In: Н. В. Буторин/Научный Ред./:Взаимодействие между водой и седиментами в озерах и водохранилищах. Материалы школы-сем. в Ин-те биологии внутренных вод АН СССР, 28 УI—5 v 1982 г., „Наука", Ленинград 1984a, стр. 3—10.
—: Thermodynamic theory of the control of processes in aquatic ecosystems by temperature and light intensity. Gerlands Beitr. Geophys. **93** (1984b) 314—322.
—: Optimal control of biological processes in aquatic ecosystems. Gerlands Beitr. Geophys. **94** (1985a) 141—147.
—: Dominant controlling variables in the theory of biological processes in aquatic ecosystems. Gerlands Beitr. Geophys. **94** (1985b) 161—165.
MAUERSBERGER, P., M. STRAŠKRABA: Two approaches to ecosystem modelling: thermodynamic and cybernetic. Vortrag auf Internat. Sympos. ‚SISY '84', Praha, Nov. 1984.
—, —: Подход к синтезу термодинамических и кибернетических подходов теории водных экосистем. Семинар по Проекту 18 КАПГ, Бизентал/ГДР, 21—25 января 1985 г. (1985)
—, —: Two approaches to ecosystem modelling: thermodynamic and cybernetic. Ecol. Modelling, in press (1987).
MEIXNER, J., H. R. REIK: Thermodynamik irreversibler Prozesse. In: S. FLÜGGE (Herausg.), Handb. Physik — Encycl. Physics, III/2. Springer-Verlag, Berlin/Göttingen/Heidelberg (1959) S. 413—523.
NICOLIS, G., I. PRIGOGINE: Selforganization in Nonequilibrium Systems. Wiley, London/New York/Sydney/Toronto 1977.
RADTKE, E., M. STRAŠKRABA: Self-optimization in an phytoplankton model. Ecol. Modelling **9** (1980) 247—268.
STRAŠKRABA, M.: Natural control mechanisms in models of aquatic ecosystems. Ecol. Modelling **6** (1979) 305—321.
—: Cybernetic categories of ecosystem dynamics. ISEM-Journal **2** (1980) 81—96.
—: Cybernetic formulation of control in ecosystems. Ecol. Modelling **18** (1983) 85—98.
STRAŠKRABA, M., A. GNAUCK: Aquatische Ökosysteme — Modellierung und Simulation. VEB Gustav-Fischer-Verlag, Jena 1983.

Anschrift des Verfassers:

Institut für Geographie und Geoökologie der AdW der DDR,
Prof. Dr. habil. PETER MAUERSBERGER
Bereich Hydrologie
Müggelseedamm 260.
DDR-1162 Berlin

Physikalische, chemische und biologische Mechanismen des Selbstreinigungspotentials in der Pedosphäre

Emanuel Heinisch, Sabine Klein, Petra Walter und Elena Lademann

1. Einführung

Der Boden ist ein schmaler Grenzbereich der Erdoberfläche, in dem sich Lithosphäre, Hydrosphäre und Atmosphäre überlagern. Er stellt das mit Wasser, Luft und Lebewesen durchsetzte, unter dem Einfluß der Umweltfaktoren an der Erdoberfläche entstandene und sich weiter entwickelnde Umwandlungsprodukt mineralischer und organischer Substanzen dar, welches in der Lage ist, höheren Pflanzen als Standort zu dienen. Der Boden spielt für alle Lebensvorgänge eine zentrale Rolle, da er Stoff- und Ernährungsbasis für die Pflanzen- und Tierwelt und somit Hauptproduktionsmittel der Landwirtschaft ist, zugleich Absorbent und Emittent für die Luft sowie verantwortlich für die Zusammensetzung des Grund- und Oberflächenwassers ist. Im Stoffhaushalt der Ökosphäre spielt er eine wichtige Rolle als Reinigungs- und Puffersystem und hat eine wesentliche Sanierungsfunktion bei der schadlosen Beseitigung von Abprodukten zu erfüllen. Wegen seiner zentralen Stellung in der Ökosphäre und seiner speziellen Eigenschaften ist der Boden ein nahezu idealer Monitor der rezenten wie auch der historischen Belastung durch Schwermetalle (Gehrlich 1983) und andere persistente Kontaminanten. Wasser und Luft lassen sich durch technische Maßnahmen von Schadstoffen reinigen, Boden nur indirekt und über zumeist längere Zeiten beanspruchende Prozesse.

Die Belastbarkeit des Bodens mit Stoffen aller Art wird durch dessen *Selbstreinigungsvermögen* bestimmt. Diese Eigenschaft ist im wesentlichen definiert als seine *Fähigkeit*, gezielt oder unbeabsichtigt eingebrachte oder eingetragene *Stoffe bis zur Mineralisierung bzw. Humifizierung ab- und umzubauen*, und stellt eine Gemeinschaftsleistung von Bodenmikro- und -makroorganismen (autochtone Flora, Edaphon) sowie der chemischen und physikalischen Eigenschaften des Bodens dar. Alle anthropogenen Maßnahmen wie Nährstoffversorgung, Bearbeitung, Be- und Entwässerung, Bebauung u. a. m. sowie äußere Faktoren (Temperatur, Niederschläge, Standorteigenschaften), die geeignet sind, die biologischen, chemischen und physikalischen Eigenschaften des Bodens zu beeinflussen, modifizieren auch das Selbstreinigungsvermögen des Bodens.

Neben den Stofftransformationen können *Fremdstoffe aus dem Boden* durch physikalische, chemische oder biologische Vorgänge *in andere Kompartimente* (Atmosphäre, Oberflächen- und Grundgewässer, Pflanzen und Tiere) *verlagert* werden. Darüber hinaus vermögen die Bestandteile des Humus und/oder der Oxide/Hydroxide *Fremdstoffe* und/oder deren *Metabolite zu sorbieren*. Ist diese Sorbtion mehr irreversibel, so führt sie zu „gebundenen“ oder „nicht extrahierbaren Rückständen“, ist sie reversibel, zu einem verdeckten Reservoir an Fremdstoffen, die bei geeigneten Voraussetzungen durch Desorption wieder freigesetzt werden können.

Die hervorragenden Filter- und Adsorptionseigenschaften des Bodens beruhen nicht nur auf dem verzweigten und vielfältigen Porensystem, sondern in erster Linie auf der hochaktiven Oberfläche der einzelnen Bodenkomponenten: organische Substanz (Huminstoffe), Tonmineralien, Eisen- und Aluminiumhydroxide sowie Carbonate. Nächst

Physikalische, biologische und chemische Mechanismen des Selbstreinigungspotentials der Pedosphäre

beeinflußt durch

- **Substanz- und Eintragsspezifika:** Art und Menge der eingebrachten Verbindungen, Häufigkeit und Form des Eintrages
- **spezielle Standorteigenschaften:** Bodenneigung, Besatz mit Pflanzen, Tieren, Mikroorganismen; Niederschläge, Temperatur, Luftbewegung, UV-Einstrahlung
- **anthropogene Maßnahmen:** Bodenbearbeitung, Be- und Entwässerung, Nährstoffversorgung, Bebauung

Immobilisierung

durch Festlegung an die anorganische oder organische Substanz des Bodens, Reaktionen mit Bodenbestandteilen führen zu:

- reversibler oder teilweise irreversibler Sorption an
  - Humus
  - Tonmineralien
  - Hydroxide, Oxidhydrate und Oxide (Sesquioxide) von Al, Fe, Mn, Si
- Reaktionen mit Makromolekülen aus
  - der organischen Substanz des Bodens
  - Bestandteilen von Pflanzen und Tieren

Bildung „gebundener Rückstände"

Transformationsreaktionen

durch biochemische, physikalisch-chemische und rein chemische Einzel- oder Gemeinschaftsreaktionen führen zu Veränderungen von:

- Volatilität und Solubilität
- Persistenz und Sorptionsverhalten
- Toxizität und Phytotoxizität
- chemischen Reaktionsvermögen
- Bildung sekundärer Metabolite bis zur

Mineralisation und Humifizierung

Mobilisierung

durch Verlagerung in andere Kompartimente führen zu:

- Übergang in die Atmosphäre, durch Verdampfen, Kodestillation, Erosion mit Staubpartikeln
- Aufnahme verfügbarer Stoffe durch Pflanzen
- Oberflächenabwaschung
- Perkolation in das Grundwasser

↓ ↓ ↓

Effekt aller Teilprozesse: Abreicherung oder Festlegung bioverfügbarer Schadstoffe

Abb. 1.

diesen bodenspezifischen Parametern spielen Art und Menge der eingetragenen Stoffe sowie die Häufigkeit des Eintragens eine wesentliche Rolle für ihr Verhalten in der Pedosphäre und somit ihren Ab- und Umbau bzw. Austrag. Als *Summe der Eigenschaften eines Stoffes, die sein Verhalten im Boden bestimmen,* bezeichnet man die *molekulare Rekalzitranz* (OTTOW 1982), also seine substanzspezifische Widerstandskraft gegenüber biochemischen und chemisch-physikalischen Transformationen und Translokationen. Ihr meßbarer Ausdruck ist die *Persistenz* der Verbindungen, also ihre Stabilität bzw. Verweildauer in dem Substrat. Sie wird häufig angegeben als Halbwertszeit, was jedoch irreführend ist, da es den Eindruck vermittelt, als handele es sich um ein rein substanzspezifisches Verhalten, unabhängig von allen äußeren Einflüssen. Besser sind Angaben zu der für den Schwund von 50 bis 75% der in einen definierten Bodenstandort eingetragenen Substanzmengen erforderlichen Zeit.

Im folgenden sollen der Eintrag der Substanzen in die Pedosphäre sowie die wichtigsten chemisch-physikalischen und biologischen Mechanismen zu ihrem Austrag bzw. ihrer Abreicherung dargelegt werden.

Eine Übersicht der bedeutendsten physikalischen, biologischen und chemischen Mechanismen des Selbstreinigungspotentials in der Pedosphäre zur Abreicherung oder Festlegung bioverfügbarer Schadstoffe ist Abb. 1 zu entnehmen.

2. Eintrag der Stoffe in die Pedosphäre

Definierte chemische Verbindungen und andere Substanzen gelangen in die Pedosphäre in sehr vielfältiger Weise, was insofern von Bedeutung ist, als die Eintragsform nicht nur die mengenmäßige Verteilung auf und im Boden beeinflußt, sondern häufig auch die chemische Zusammensetzung der Stoffe. Beide Parameter bestimmen aber wesentlich die gesamte Palette von Verhalten und Wirkungen der Substanzen. Im folgenden werden die wichtigsten *Eintragsmuster* hauptsächlich unter dem Gesichtspunkt eines Einflusses auf die mengenmäßige Verteilung und deren Abschätzung zusammengefaßt. Nur relativ wenige Stoffgruppen gelangen in Form eines *gezielten Eintrages* in den Boden.

Kriterien einer solchen Einbringung sind:

- die Applikation erfolgt nach verbindlichen Vorschriften, welche Art, Menge und ihren Zeitpunkt regulieren,
- die Anwendungsvorschriften sind nicht ausschließlich auf das gewünschte (ökonomische) Ziel ausgerichtet, sondern berücksichtigen auch Nebenwirkungen der applizierten Stoffe auf belebte und nicht belebte Konstituenten des Bodens,
- die Ausbringung der Stoffe, ihre Wirkungen und Folgeeffekte einschließlich ihres Verhaltens in der Pedosphäre werden, so effektiv wie möglich, kontrolliert,
- die Kontrollen sind Bestandteil des verbindlichen Vorschriftenkataloges.

Die genannten Kriterien sind nur bei sehr wenigen Stoffgruppen erfüllbar. Die Anwendung von Pflanzenschutzmitteln und Mitteln zur Steuerung biologischer Prozesse (PSM und MBP) erfolgt nach derartigen Parametern, wobei nicht unterschätzt werden sollte, daß zwischen der Einhaltung der Vorschriften im Modellversuch und in der Praxis gewiß Unterschiede bestehen. Ähnliches gilt für die Ausbringung mineralischer und organischer Düngemittel. Unabhängig von Qualitätsunterschieden kann z. B. für die DDR gesagt werden, daß

— der Einsatz von PSM, MBP, mineralischen und organischen Düngemitteln in der Land- und Forstwirtschaft sowie im Gartenbau einen insgesamt bilanzierbaren Eintrag organischer und anorganischer Syntheseprodukte sowie von Nährstoffen darstellt, der unter Berücksichtigung von Standortspezifika, die Parameter Verweildauer, Verhalten und Wirkungen der applizierten Stoffe im Boden prognostizierbar macht.

Diese Feststellung muß allerdings mit gewissen Einschränkungen versehen werden z. B. für Gülle, Klärschlämme und Feldkompost insofern, als eine einheitliche Zusammensetzung dieser Stoffe bei weitem nicht in dem Maße zu erwarten ist, wie etwa bei PSM, MBP und Mineraldüngern. Eine Übereinstimmung zwischen den Modellergebnissen am Versuchsfeld und in der Praxis ist hier noch ein angestrebtes Ziel. Schließlich ist noch zu vermerken, daß diese gezielten Einsätze bei Einhaltung der Anwendungsvorschriften durchweg *flächenförmig* erfolgen, so daß lokale Konzentrationsverdichtungen allenfalls die Ausnahme bilden sollten.

Gleichfalls zum gezielten Input in Pedo- und Lithosphäre sollten die geordneten *Deponien*, einschließlich der *Halden* und *Kippen* gezählt werden. Auch hier sind eine Reihe gesetzlicher Auflagen hinsichtlich des Standortes (hydrogeologische Voraussetzungen) und — mit Einschränkungen — in bezug auf Art und Mengen der einzutragenen Stoffe (insbesondere auf Sonderdeponien) gültig. Es sind jedoch die folgenden Parameter wirksam, die einen Vergleich mit den Agrochemikalien nur in sehr grober Annäherung statthaft erscheinen lassen:

— Kontrollen zu Verhalten und Wirkungen der so verbrachten Stoffe erfolgen fast ausschließlich nur in Extremfällen, wie z. B. bei Sonderdeponien.
— Auch wenn diese Deponien, Kippen und Halden z. T. erheblichen Raum beanspruchen, muß hier doch von einem *punktförmigen* Eintrag gesprochen werden; es werden große Mengen von Fremdstoffen auf relativ kleinen Flächen abgelagert.
— Deponien, Kippen und Halden stellen für lange Zeiträume in den Boden und z. T. in die Lithosphäre hineinreichende Fremdkörper dar, umgeben von Boden, Gestein, Grundwasser und der Atmosphäre.
An diesen Grenzstellen kommt es zu besonders intensivem Kontakt der zumeist in hohen Konzentrationen vorliegenden Stoffe mit den sie umgehenden Medien.
— Die Zusammensetzung dieser Fremdkörper ist so weit geläufig, wie Eintragsquelle (Industrie- und gewerbliche Produktionsbetriebe, Wärmekraftwerke, Landwirtschaft usw.) bekannt sind. Dies eröffnet die Möglichkeit, die vorherrschenden Stoffanomalien zu erkennen und hieraus resultierende Konsequenzen zu Eintrag und Wirkung zu prognostizieren.

Kann man die bisher dargelegten Eintragsmuster, bei denen der Input bekannt, berechen- und bilanzierbar ist, noch als mehr oder weniger gezielt, kontrollierbar bzw. kontrolliert bezeichnen, so muß dies für die folgenden Eintragsquellen mit erheblichen Unsicherheitsfaktoren versehen werden. Es handelt sich hierbei zunächst um:

— *Trocken-* oder *Naßdepositionen* anorganischer oder organischer Verbindungen und Stoffe aus der Atmosphäre (adsorbiert an Staubpartikel, gelöst in Regen, Nebel, Tau, Schnee bzw. Hagel oder als Aerosole, sehr selten in molekularer oder atomarer Form).

Diese stets diffuse Eintragsform geht auf anthropogene Emittenten aus der Techno- und Soziosphäre zurück und z. T. auf natürliche Verursacher, wie z. B. Pflanzen und Tiere oder geotektonische Prozesse. Häufig sind die betrachteten Flächen größer als z. B. abgegrenzte land- und forstwirtschaftliche Nutzflächen, der *Eintrag* ist dann *lokal* oder *regional*, gelegentlich sogar als *territorial* oder *global* zu bezeichnen. Bei mobilen Eintragsquellen wie z. B. Kraftfahrzeugen erfolgt der Eintrag *strichförmig*.

In besonderem Maße erfolgt der diffuse Eintrag bei der Verwitterung von Bestandteilen der Lithosphäre, die für eine ständige Zufuhr von Mineralstoffen sorgen. Demgegenüber stehen Anschwemmungen oder Anlandungen von Substanzen aus der Hydrosphäre, die im Gegensatz zu den Depositionen aus der Atmosphäre nur lokale oder regionale Bedeutung haben, sowohl aus Naturstoffen wie auch aus Produkten und Abprodukten industrieller, insbesondere chemischer Produktion.

Zusammenfassend kann gesagt werden, daß die Pedosphäre einer kontinuierlichen oder sporadischen, teilweise spontanen Zufuhr eines breiten Substanzspektrums ausgesetzt ist. Dieses reicht von definierten chemischen Verbindungen — im Extremfall, wie z. B. dem Quecksilber, sogar von Elementen — bis zu heterogenen Substanzgemischen wie verschiedenen industriellen, landwirtschaftlichen oder natürlichen Abprodukten. Die Stoffe gelangen gezielt, unbeabsichtigt, diffus, kontrollierbar, kontrolliert, punkt- oder flächenförmig auf und in den Boden. Die eingebrachten Mengen sind z. T. sehr groß (z. B. organische Nährstoffe) mit begrenztem bzw. voraussehbarem Verhalten und nur kurzen Verweilzeiten in der Pedosphäre. Andere Verbindungen wie z. B. polychlorierte Dibenzo-p-dioxine (PCDD) gelangen nur in sehr geringen Mengen in den Boden, verbleiben dort sehr lange Zeiten und verursachen extreme Wirkungen. Neben chemischen Arteffekten spielen im Eintrag auch natürliche, anorganische und organische Stoffe eine große Rolle. Eine schematische Übersicht der Eintragsformen anthropogener natürlich gebildeter Substanzen ist Abb. 2 zu entnehmen.

Besonders stark belastet sind nicht selten unsachgemäß z. B. mit Herbiziden behandelte Flächen (z. B. Schienenverkehrswege, Straßen, Plätze, Sportanlagen oder Ödländer) bzw. solche Flächen, bei denen dem Eintrag von Chemieprodukten oder -abprodukten entweder gar keine oder nur völlig ungenügende Aufmerksamkeit zugebilligt wird. Hierzu gehören z. B. Höfe oder Lagerplätze von industriellen Produktionsanlagen, Kokereien, Umschlagplätze für flüssige Chemikalien (z. B. Güterbahnhöfe), Deponien für gewerbliche und kommunale Abfälle, Produktionsrückstände, Bauschutt u. a. m. vor allem dann, wenn die hydrogeologischen Gegebenheiten dieser Standorte keine Beachtung gefunden haben. Auch bei diesen „hochkontaminierten Standorten" kann es hier durch Niederschläge besonders leicht zu Ab- und Einwaschungen kommen. Bei der Projektierung solcher Anlagen ist mehr als bisher derartigen Gesichtspunkten, einschließlich möglicher Überschwemmungen, Rechnung zu tragen.

3. Sorption

Abgesehen von sehr wenigen Verbindungen (Alkalisalze, Ammoniumverbindungen, Nitrate, Schwefel- und schweflige Säure und einige Schwermetallsalze) sind die meisten der in den Boden gelangenden kationen- und anionenaktiven Verbindungen nur wenig wasserlöslich, die nichtionischen Verbindungen praktisch hydrophob. Soweit sie gemeinsam mit Wasser (Niederschlagswasser, Fließgewässer, Lösungswasser in

Ausgewählte Beispiele für anthropogene Fertigung bzw. spontane Bildung chemischer Stoffe in Bio-, Techno- und Soziosphäre

Quelle	anthropogen				natürlich, anthropogen beeinflußt, natürlich u. anthropogen	
Eintrag	lokal		strichförmig, großflächig		lokal	großflächig
	gezielt*	unbeabsichtigt	beabsichtigt	unbeabsichtigt	Mengenmäßige Unterteilung in ausschließlich natürliche, anthropogen beeinflußte, oder gemischt natürlich anthropogene Bildung bzw. Freisetzung zumeist ungenau oder nicht möglich. Erfassung oder Schätzung ausschließlich durch Hochrechnungen, z. T. nach repräsentativen Analysenergebnissen	
	Zumeist kontrollierbar u. z. T. im Bereich des Inputs, in Einzelfällen auch außerhalb, kontrolliert		Eintrag durch Hochrechnungen aus Produktionsdaten und repräsentativen Analysenergebnissen abschätzbar			
Beispiele	• Pharmaka • Lebensmitteladditive • Pflanzenschutz und Schädlingsbekämpfungsmittel • Mittel zur Steuerung biologischer Prozesse	• gasförmige, feste u. flüssige Abprodukte industrieller Anlagen • Halogenkohlenwasserstoffe bei der Wasserchlorung • PCDD u. PDCF** in Müllverbrennungsanlagen	• Pflanzennährstoffe • Chemieprodukte d. täglichen Bedarfs • Tausalze • Mißbrauch zu militärischen Zwecken	• gasförmige, feste u. flüssige Abprodukte stationärer und mobiler Kleinemittenten	• geotektonische Prozesse: Freisetzung z. B. von SO_2, Hg • Konzentrationen von Menschen und Großtieren: Bildung und Freisetzung von NH_3 und Aminen • in Gegenwart von NO_2 und Katalysatoren (Methanal) bzw. in saurem Milieu: Bildung von Nitrosaminen	Produktion u. Freisetzung org. und anorg. Naturprodukte • durch lebende Organismen (Methan, Terpene, H_2S) • bei der natürlichen Zersetzung, Humufizierung, Inkohlung oder Mineralisierung von Biota (Schwermetalle, Nitrat) • bei der Verwitterung von Mineralien (Schwermet.) • durch Biotransformation anthr. u. natürl. vorkommender Elemente und Verbindungen (z. B. Metallalkyle)

* gezielter Eintrag: nach Art, Menge, Zeit und Einsatzort bekannt u. z. T. verbindlich vorgeschrieben
** Polychlordibenzodioxine und Polychlordibenzofurane

Spritzmitteln) in die Pedosphäre gelangen, neigen sie — entsprechend dem LE CHATELIERschen Prinzip — dazu, aus diesem auszutreten und an den Bodenkolloiden sorbiert zu werden. Verbindungen mit hoher Lösungswärme, geringer Löslichkeit und Polarität verfügen über die höchste Sorptionsaffinität.

Zu den Substanzen, die durch Bodenpartikel zurückgehalten werden können, gehören u. a. Pflanzennährstoffe, grenzflächenaktive Verbindungen und toxische Xenobiotika, die in Bodenlösungen als Kationen, Anionen oder nichtionische Moleküle vorliegen.

Die *Geschwindigkeit* und Vollständigkeit *der Sorption* und damit der Immobilisierung nimmt mit steigender spezifischer Oberfläche der Substrate (Bodenkolloide) in der Reihenfolge Carbonate $<$ Sesquioxide von Al, Fe, $<$ Tonmineralien $\ll$ Humus zu. Die Sorptionskinetik folgt zumeist der FREUNDLICHschen bzw. der LANGMUIRschen Sorptionsgleichung:

$$\frac{X}{m} = k \cdot c^n; \qquad \log \frac{x}{m} = \log k + n \cdot \log c;$$

hierin bedeuten:

$\frac{x}{m}$ = µg sorbierte Verbindung/g trockener Boden,

c = Gleichgewichtskonzentration in der Bodenlösung µg ml^{-1},

k = Adsorptionskonstante (sorbierte Mengen bei $c = 1$; relatives Maß der Bindungsintensität),

n = Materialkonstante (Steigung der Isotherme).

Ist $k > 5$ und $n > 0{,}9$, so bedeutet das hohe Adsorption, ist $k < 1$ und $n < 0{,}7$, so ist die Adsorption relativ gering. Trägt man den Logarithmus der Konzentration in der Lösung auf, so erhält man bei Gültigkeit der Adsorptionsisotherme nach FREUNDLICH-Geraden. Sowohl unpolare wie auch kationen- und anionenaktive und schwach basische Verbindungen gehorchen dieser Exponentialfunktion in weiten pH-Bereichen des Bodens.

Vor allem der Gehalt an *humifizierter organischer Substanz* des Bodens bestimmt das Ausmaß und die Geschwindigkeit der Sorption; je höher der Gehalt an Dauerhumus (Grauhuminsäuren), desto höher die Sorptionskonstante k, desto steiler die Adsorptionsisotherme und desto kleiner die Mobilität (Diffusion, Codestillation, Verdunstung, Verlagerung) der Verbindungen. Der Humuskörper verfügt nicht nur über eine hohe spezifische Oberfläche, sondern auch über hydrophobe Bereiche und eine Vielzahl funktioneller Gruppen (wie Carboxyl, Hydroxyl, Amino, Imino) sowie über stark zur Chelatbildung neigende Liganden. Die organische Substanz bietet in den Boden eingetragenen Stoffen physikalische, vor allem VAN DER WAALSsche, Bindungs- und chemische Interaktionsmöglichkeiten wie Wasserstoffbrücken, Ion-Dipol-Bindungen und Protonierungen (physikalische Adsorption bzw. Chemisorption). Der Humus, in der Vielfalt

Abb. 2. Eintragsformen anthropogen und natürlich gebildeter Stoffe in die Ökosphäre (nach HEINISCH 1985)

seiner Sorptionsmöglichkeiten, ist ein bevorzugter, aber auch unspezifischer, multipler Sorbent. Sobald polare Verbindungen den Boden durchdrungen haben, wandern sie dem Grundwasser zu, vor allem bei grobporenreichen Horizonten. Schwermetalle lassen sich bezüglich ihrer Affinität zur organischen Substanz in zwei Gruppen einteilen: Pb und Cu haben eine hohe, Ni, Co, Zn, Cd und Mn eine geringere Affinität, was auf die Bildung verschiedenartiger Komplexe (Innen- bzw. Außenkomplexe) zurückzuführen ist (STICHER 1980b).

Eine Übersicht einiger Bindungsformen von Metallen in Böden und Sedimenten sowie von Reaktionen, die zu einer Freisetzung als Metallionen oder lösliche Komplexe führen, ist Abb. 3 zu entnehmen.

Halogenkohlenwasserstoffe werden vorwiegend an die organische Substanz des Bodens sorbiert, mineralische Bodenbestandteile haben für diese Stoffgruppen nur ein geringes Festhaltevermögen.

Negativ geladene *Tonmineralien* sorbieren bevorzugt kationische Verbindungen und schwach basisch wirkende Stoffgruppen, häufig über Austauschprozesse; sie stellen daher in Böden die eher spezifischen Sorbenten dar. An Tonmineralien sorbierte und irreversibel immobilisierte Verbindungen sind, entsprechend den physikalischen Eigenschaften der einzelnen Tonarten, in unterschiedlichen Ausmaßen gegen Kationen austauschbar (siehe auch Abb. 3).

Die bei der Verwitterung der Silikate frei werdenden Eisen- und Aluminiumionen fallen bei nicht zu tiefen Boden-pH als Hydroxide aus, die mit der Zeit zu Oxidhydroxiden und Oxiden (Sesquioxide) altern können. Sie bedecken in der Regel die Oberfläche der Tonminerale und maskieren deren Eigenschaften. Eisen-Aluminiumoxide haben

Bindungsform	**Reaktionsform**
ionogen, austauschbar (gebunden an Tonminerale wie Kaolinit, Illite, Montmorillonit)	Austausch, Verdrängung $(B)^{2-}\,Me_I^{2+} + Me_{II}^{2+} \rightleftharpoons (B)^{2-}\,Me_{II}^{2+} + Me_I^{2+}$
adsorptiv (an Oberflächen)	Desorption $(B)\,Me^{2+} \rightleftharpoons (B) + Me^{2+}$
chemisch-gebunden (an Substratbestandteile)	Bildung löslicher Verbindungen (ionisch oder komplex) $(B)\,OMe + (H^+, OH^-, L) \rightleftharpoons Me^{2+} + \cdots$
schwerlösliche Verbindungen als Niederschläge	Auflösung von Niederschlägen $\left.\begin{matrix} MeCO_3 \\ MeS \\ Me(OH)_2 \end{matrix}\right\} + 2\,H^+ \rightleftharpoons Me^{2+} + \cdots$

B: Bodenbestandteil, Sedimentbestandteil
L: Komplexbildner (Ligand)

Abb. 3. Übersicht einiger möglicher Bindungsformen von Metallen in Böden und Sedimenten und über Reaktionen, die zu einer Freisetzung als Metallionen oder lösliche Metallkomplexe führen (UMLAND 1984)

eine amphotere Oberfläche, der Ladungsnullpunkt liegt bei Eisen zwischen pH 5 und 8, darunter ist die Oberfläche positiv, darüber negativ geladen. Daher können im tieferen pH-Bereich vorwiegend Anionen, im höheren pH-Bereich Kationen gebunden werden (eine gewisse Affinität besteht über den ganzen pH-Bereich für polare Moleküle). Die Selektivität von amorphem Eisenhydroxid sinkt in der Reihenfolge Pb $>$ Cu $\gg$ Zn, Ni $>$ Co $>$ Cd. Neben der reinen Oberflächenadsorption können Schwermetalle, z. B. Cu und besonders Cr^{3+}, auch in den Oxiden und Hydroxiden okkludiert, d. h. bei der Ausfällung in deren Gitter eingebaut werden. So gebundene Metalle sind fixiert und damit nicht mehr pflanzenverfügbar.

Schließlich hat in bezug auf das Adsorptionsverhalten des Bodens auch der Kalk eine besondere Bedeutung. Solange Kalk im Boden vorhanden ist, bleibt der pH neutral bis leicht alkalisch, und die Bodenkolloide sind nahezu vollständig mit Calcium gesättigt. Bei Calciumcarbonat tritt im Kontakt mit reinem Wasser eine teilweise Protonierung des gelösten CO_3^{2-} ein, und in der Folge steigt der pH-Wert der Lösung auf über 10 an. Mit steigendem CO_2-Gehalt im Wasser nimmt die Löslichkeit des Kalkes zu, und der pH der Lösung sinkt ab. Man findet daher in kalkhaltigen Böden pH-Werte zwischen schwach sauer bis gegen 8,5 je nach der biologischen Aktivität und der damit verbundenen CO_2-Produktion (STICHER 1980a, b).

Humus und Tonmineralien stellen als *Ton-Humus-Komplexe* vor allem bei porenreicher räumlicher Anordnung durch Calcium-Brücken und Lebendverbauung mit ihren hoch reaktiven Oberflächen außerordentlich wirkungsvolle *Puffer und Filter* dar und tragen damit maßgeblich zum Selbstreinigungsvermögen des Bodens und zur Belastbarkeit eines Standortes bei. Auch zwischen Tonmineralien und Eisenoxiden werden Aggregate gebildet.

— Je höher der Gehalt an Humuskolloiden und aggregierten Tonmineralien und je intensiver die mikrobiologische Aktivität, desto größer die Belastbarkeit. Allgemein wird ein Gehalt an organischer Substanz von 10% als schützend für darunter lagernde Grundwasserleiter angesehen (SCHMIDT u. a. 1979).
— Die Belastbarkeitsschwelle eines Bodens bzw. eines Standortes für chemische Substanzen wird begrenzt durch die Fähigkeit des Bodens, suspendierte und kolloide Partikel in seinem Porensystem mechanisch zurückzuhalten (zu filtern), die eingesickerten Verbindungen zu fällen oder zu sorbieren (zu puffern) und die sorbierten Stoffe entweder praktisch irreversibel zu immobilisieren und somit biologisch unverfügbar zu machen (anorganische Verbindungen) oder sie zu mineralisieren (organische Verbindungen).

Die Adsorption von verschiedenen chemischen Substanzen im Boden ist um so stärker, je höher der Tongehalt und der Gehalt an organischer Substanz ist. Am negativ geladenen Ton werden anionische Moleküle wie 2,4-Dichlorphenoxyessigsäure (2,4-D) kaum, kationische Moleküle wie die Bipyridiliumhalogenide Diquat und Paraquat besonders stark gebunden. Bei aufweitbaren Tonmineralien wie Montmorillonit lassen sich polare und kationische Moleküle auch in die Zwischenschichten einlagern, wobei ihre biologische Wirksamkeit stark herabgesetzt bis aufgehoben wird. Durch Kationenaustausch mit ähnlich gebauten, nicht toxischen Molekülen können sie allerdings wieder freigesetzt und erneut wirksam werden.

Bei Desorptionsversuchen hat man festgestellt, daß ein beträchtlicher Anteil der Fremdstoffe nicht mehr extrahierbar ist. Modelluntersuchungen haben gezeigt, daß durch die Reaktion von Humusbestandteilen mit chlorierten Kohlenwasserstoffen, z. B. 3,4-Dichloranilin oder 2,4-Dichlorphenol chlorierte Humussäuren entstehen, über deren Verhalten im Boden Genaueres unbekannt ist. Es ist nicht auszuschließen, daß bei einem späteren Abbau durch Mikroorganismen die gebundenen Chlorderivate als solche wieder freigesetzt werden. Es können aber auch Produkte entstehen, welche toxischer sind als die ursprünglich eingesetzten Verbindungen (Sticher 1980b). In diesem Zusammenhang sei auch auf die Möglichkeit der Bildung des toxischen Methylquecksilbers aus anorganischem Quecksilber durch Humin- und Fulvinsäuren verwiesen.

An *substanzspezifischen Parametern* spielen für das Ad- und Desorptionsverhalten die Elektronendonator- und -akzeptor- sowie die Säure/Basenfunktionen, Ladungsart, Ionenstärke und lipophiler Charakter eine Rolle.

4. Stofftransformationen

Die *wichtigste Kraft zum Selbstreinigungsvermögen* des Bodens stellen die — in einem gesunden Boden omnipotenten — *Mikroorganismen* dar, als Lieferanten der zu den biotischen Transformationsreaktionen erforderlichen Enzyme. Die Mikroorganismen verwerten in den Boden eingetragene Fremdstoffe als Nahrungs- bzw. Energiequellen, die allerdings um so besser in Anspruch genommen werden können, je weniger persistent die Verbindungen sind. Zwar wurden im Laboratorium auch Spezialisten isoliert und gezüchtet, die in der Lage sind, so ausgeprägt xenobiotische Verbindungen wie chlorierte Kohlenwasserstoffe als alleinige Kohlenstoff-Quelle anzunehmen, unter natürlichen Bedingungen spielen diese Kulturen nur eine relativ geringe Rolle. Ihr Vorhandensein eröffnet jedoch prinzipielle Möglichkeiten für den gezielten Ab- und Umbau persistenter Fremdstoffe im Boden.

Nach dem Eintrag der Stoffe benötigt die bodenständige, autochtone Mikroflora eine, je nach dem xenobiotischen Charakter — also der Persistenz — mehr oder weniger lange Latenzzeit („*lag phase*") zur Ausbildung des für den Metabolismus erforderlichen, spezifischen Artenspektrums. Bei häufigem Input der gleichen oder strukturverwandter Verbindungen wird die Latenzzeit immer kürzer, die Persistenz wird herabgesetzt. Desgleichen sind alle Maßnahmen, welche die mikrobielle Tätigkeit im Boden stimulieren, geeignet, die metabolischen Potenzen des Bodens zu aktivieren. Hierzu gehören vor allem die Applikation organischen (auch grünen) sowie z. T. auch mineralischen Düngers und geeignete Bodenbearbeitungsmaßnahmen.

Wenig persistente organische Verbindungen, wie z.B. Phosphorsäureester, Carbamate, Thiurame, Carbonsäuren und deren Ester u. a. m. werden (zumeist durch Hydrolyse und Oxidation sowie Decarboxylierung, Dealkylierung) metabolisiert, aber unter Bildung z. B. von Nitro-, Amino-, Hydroxyl- und/oder Chlor-enthaltenden Phenylgruppen. Diese Verbindungen, zumeist weniger toxisch als die Ausgangssubstanzen, verfügen aber häufig über eine höhere Persistenz als diese. Sie stellen zudem geeignete Reaktionspartner natürlicher, in den Substraten vorkommender Verbindungen dar. Dies gilt für den Boden ebenso wie für tierische und pflanzliche Strukturen. Aus den *primären Metaboliten* entstehen *sekundäre Konjugate*; z. B. durch Reaktion mit Gluconsäure Glucuronide, mit Zuckern Glykoside, mit Peptiden oder löslichen Proteinen Peptid- oder Proteinkomplexe, mit Schwefel- bzw. Phosphorsäure Sulfate bzw. Phosphate u. a. m.

Diese Reaktionen stellen vor allem in tierischen Organismen normale Stoffwechselvorgänge dar; sie sind häufig mit einer drastischen Erhöhung der Wasserlöslichkeit verbunden, was z. B. die grundsätzliche Voraussetzung für eine Elimination über die normalen exkretorischen Organe darstellt. Im Boden bilden diese Reaktionen in einigen Fällen den Einstieg in die letzte Phase des mikrobiellen Abbaus, die Mineralisierung.

In eine ganz andere Richtung führen Reaktionen der ursprünglich eingetragenen Verbindungen und ihrer primären Metabolite mit tier- und pflanzeneigenen sowie bodenbürtigen organischen Makromolekülen (siehe Abb. 4).

Durch kovalente Bindung mit Nucleinsäuren, Lignin und vor allem mit Grau- und Braunhuminsäuren entstehen Substanzen, die in Wasser und den üblichen organischen Lösungsmitteln praktisch unlöslich sind. Während der Anteil der auf diese Weise produzierten „*gebundenen*“ oder „*nicht extrahierbaren Rückstände*“ in tierischen und pflanzlichen Organen und Geweben nur gering ist, erreicht er im Boden häufig erhebliche

Primäre und sekundäre Reaktionen des Um- und Abbaus organischer Verbindungen in der Pedosphäre

(z. B. Chlorkohlenwasserstoffe, Phosphorsäureester, Carbamate, Thiurame, aliphatische und aromatische Carbonsäuren und Carbonsäureester)

Hydrolyse	Dehalogenierung
Oxydation	Dehydrohalogenierung
Decarboxylierung	Hydroxylierung
Dealkylierung	Ringspaltung
Alkylierung	Etherspaltung

primäre Metabolite

(Nitro-, Amino-, Hydroxyl-, Chlor-haltige Phenylgruppen mit veränderten physikalischen, chemischen und biologischen Eigenschaften)

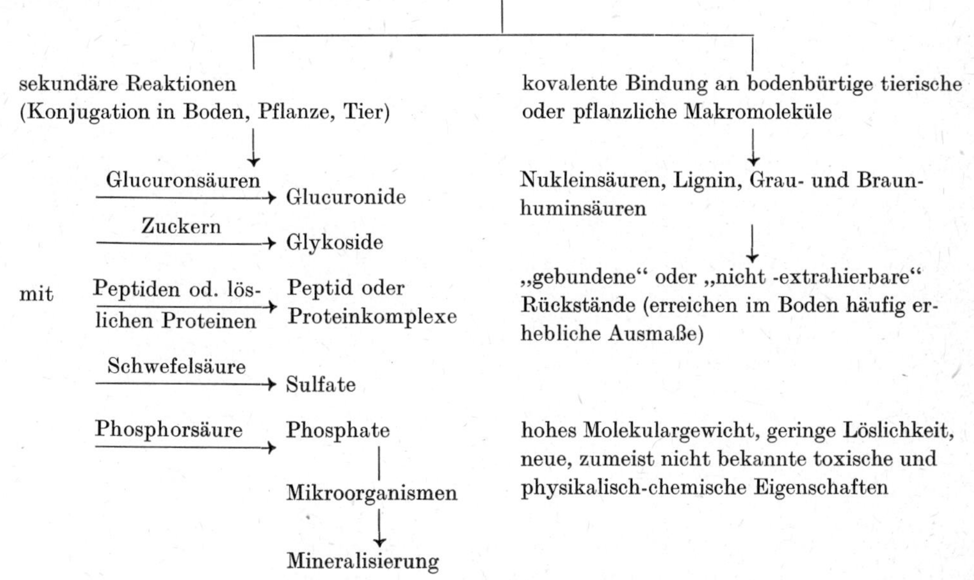

Abb. 4.

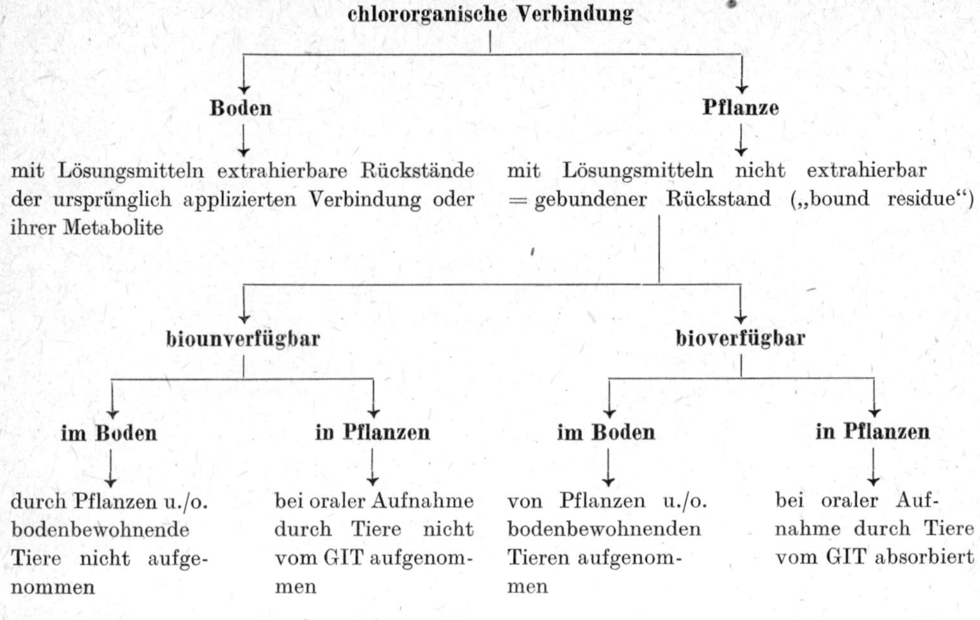

Abb. 5.

Ausmaße. So konnte in Modellversuchen mit verschiedenen Böden z. B. für chlorierte Aniline 90% als nichtextrahierbar gebunden nachgewiesen werden. Eine Charakterisierung der gebundenen Rückstände („bound residues"), dargestellt am Beispiel chlororganischer Verbindungen, vermittelt Abb. 5.

Persistente chlororganische Verbindungen, wie z. B. das DDT haben relativ geringe Bindungseigenschaften und demzufolge eine gute Extrahierbarkeit aus dem Boden. Neben der allgemeinen Annahme, daß es sich vorwiegend um eine chemische Bindung der Verbindung oder seiner Metaboliten an die organische Bodenmaterie handelt, wird neuerdings auch die bedeutende Rolle der physikalischen Bindung (Adsorption auf externen Oberflächen, Fangen in inneren Lücken einer molekularsiebartigen Struktur) diskutiert. Gebundene Rückstände sind biologisch weniger aktiv; es kann aber eine Freisetzung, z. B. durch mikrobiologische Aktivitäten erfolgen, die zu einer Aufnahme durch Bodenfauna und Pflanzen führt.

Den gebundenen Rückständen im Boden entsprechen solche in der Pflanze, wobei es sich um unextrahierbare Rückstände handelt, die in Pflanzenbestandteile inkorporiert sind. Eine entscheidende Rolle spielt hierbei Lignin, das in diesem Zusammenhang als ein exkretorisches System zu wirken scheint, das toxische oder unerwünschte Verbindungen ablagert, indem sie in unlösliches Lignin inkorporiert werden. Aus den bisher bekannten wenigen Untersuchungen zur Bioverfügbarkeit für Tiere scheint hervorzugehen, daß derartige, z. B. an Lignin gebundene Rückstände nicht bioverfügbar sind.

Wenngleich die unmittelbaren Wirkungen dieser Neubildungen zumeist noch nicht bekannt sind, so kann doch auf einige Folgerungen geschlossen werden:

— Naturstoffe, wie Huminstoffe, werden denaturiert und erhalten neue Eigenschaften, z. B. hinsichtlich ihrer Toxizität und ihrer Rolle als Lösungsvermittler.

— Die Addukte stellen, entsprechend ihrem hohen Molekulargewicht und ihrer geringen Löslichkeit, Membran-Permeabilitätsbarrieren dar, die in der Lage sind, die Induktion der zur Mineralisation organischer Fremdstoffe notwendigen Enzyme zu hemmen oder zu blockieren.
— Häufig wird gefolgert, daß die gebundenen Rückstände kein toxikologisches Problem darstellen, so lange sie nicht in beträchtlichen Mengen akkumulieren. Dem widersprechen allerdings Beobachtungen z. B. von KHAN und AKHTAR (1983), denen es gelang, durch in-vitro-Inkubation von Maispflanzengewebe mit nicht extrahierbaren Atrazin-Rückständen in Gegenwart von Hühnerleberhomogenat, den Wirkstoff — z. T. in metabolisierter Form — wieder freizusetzen.
— Unter speziellen Bedingungen können die gebundenen Rückstände, z. B. unter Mitwirkung von Mikroorganismen im Boden, oder in isolierten biologischen Systemen wie tierischen Organen und Geweben, wieder freigesetzt werden und erlangen auf diese Weise ihre biologische Aktivität wieder zurück.

Der *mikrobielle Abbau* verschiedener chemischer Substanzgruppen im Boden bis zur Mineralisierung verläuft als *Reaktion erster Ordnung*. Dies wurde z. B. für einige chlorierte Kohlenwasserstoffe, Triazinderivate, Phosphororganica, Carbamate, Thiocarbamate, Thiurame, Harnstoffderivate. u. a. m. nachgewiesen, deren mikrobielle Mineralisierung unter vergleichbaren Bedingungen annähernd der folgenden Exponentialfunktion folgt:

$$c = e^{-kt};$$

hierin bedeuten:

c = Konzentration der Verbindung (Rückstand) zur Zeit t nach der Applikation,
k = Mineralisierungsrate (Abnahme der Wirkstoffkonzentration je Zeiteinheit).

Der Reaktionsverlauf nimmt die Form einer Geraden an, wenn $\log c$ gegen die Zeit aufgetragen wird. Die Steilheit dieser Beziehung vermittelt die Mineralisationsrate k und ermöglicht somit *Voraussagen zur Persistenz* der Verbindung unter gegebenen Boden- und sonstigen Außenbedingungen. Sorptionsstarke, trockene und nährstoffarme Böden mit relativ geringer mikrobieller Aktivität zeigen einen flachen Abfall der Geraden im Gegensatz zu Böden, bei denen die Nährstoffversorgung, der Luft-Wasserhaushalt und somit die biologische Aktivität optimal gestaltet sind und die einen steilen Verlauf der Beziehung aufweisen. Allerdings muß nochmals betont werden, daß diese Funktionen im Freiland von einer Vielzahl äußerer oder von außen beeinflußter Faktoren wie Niederschläge, Temperaturen, Nährstoffversorgung, pH-Wert, Bodenbearbeitung, Bebauung beeinflußt werden und jeweils nur für einen Teilschritt der Transformationsreaktion innerhalb des Mineralisationsprozesses Gültigkeit haben. Werden also Metabolite gebildet, die über eine wesentlich höhere Persistenz verfügen als die Ausgangssubstanzen, kann die Beziehung allenfalls bis zu dieser Stufe formuliert werden. Für die Mineralisierung des/der Metaboliten gelten neue Beziehungen.

Eine besondere Rolle hinsichtlich der Transformation von Spurenelementen kommt *Alkylierungs-*, insbesondere *Methylierungsreaktionen* zu, die im Boden vor allem durch die metabolische Aktivität von Mikroorganismen, in geringerem Ausmaß auch über abiotische Wege, realisiert wird. Da die gebildeten Metallalkyle zumeist flüchtig sind und aus dem Medium entweichen, stellt diese Reaktion für die Mikroorganismen eine

Entgiftung dar. Für höhere Organismen, insbesondere Warmblüter, sind die Metallalkyle jedoch äußerst toxisch und haben ein hohes Potential der Bioakkumulation.

Darüber hinaus können Oxidation (z. B. von AsO_4^{3-}) und Reduktion (z. B. von Hg^{2+} zu Hg^0) wichtige Reaktionen zur Veränderung der Toxizität von Schwermetallverbindungen sein.

Für Transformationsreaktionen von Xenobiotika durch die *Wirkung von Bodenmikroorganismen* sind in der Literatur sehr zahlreiche Beispiele beschrieben. Besonders gut studiert sind Abbaumechanismen für chlor- und phosphororganische Verbindungen durch Bakterien und Pilze, sowie der in Abb. 6 dargestellte Ab- und Umbau quecksilberorganischer Verbindungen durch Bodenmikroorganismen.

Hg^{2+} → Ethyl-Hg / Methyl-Hg / Dimethyl-Hg / Hg^0

Hg^+ → Hg^0

Phenyl-Hg → Methyl-Hg / Benzen + Hg^0 / Phe_2Hg

Ethyl-Hg → Ethan + Hg^0

Methyl-Hg → Methan + Hg^0 / Hg^{2+}

Methoxyethyl-Hg → Methyl-Hg

Abb. 6. Durch Mikroorganismen vermittelte Umwandlungsreaktionen von Quecksilberverbindungen

Durch *photochemische Reaktionen* in oberflächennahen Bodenschichten werden — wenn auch in sehr unterschiedlichen Ausmaßen — chlororganische Verbindungen, wie z. B. polychlorierte Phenole und Dioxine, abgebaut. So wird an Bodenpartikeln sorbiertes Pentachlorphenol mit UV 250 nm in guten Ausbeuten zu CO_2 und HCl abgebaut, mit 230 nm konnten Dechlorierungen nachgewiesen werden, jedoch auch weitere Hydroxylierungen sowie die Bildung von Chinonen und Dioxinen sowie ihren Vorstufen (KORTE 1980). Photolysen durch Sonnenlicht-UV ist gemeinsam mit wärmegeförderter Verflüchtigung, in Ermangelung entsprechender mikrobiellen Aktivität, als die einzige natürliche Aktivität zur Abreicherung der extrem persistenten polychlorierten Dibenzo-p-dioxine anzusehen (DI DOMENICO 1982).

5. Stofftranslokationen

Neben der Immobilisierung von Fremdstoffen durch Sorption an Bodenbestandteilen und ihrem biotischen und abiotischen Um- und Abbau spielt in diesem Medium die *Verlagerung in andere Kompartimente* eine besondere Rolle. Zwar ist im Vergleich zu Atmo- und Hydrosphäre die Pedosphäre als stationäre Phase zu betrachten, in der Verteilungs- und Vermischungsprozesse auf den ersten Blick nur in geringem Maße vorkommen sollten. Schließt man in diese Vorgänge jedoch die Aufnahme biologisch verfügbarer Stoffe durch Pflanzen ein, so liegt hier für einige Stoffgruppen ein beachtlicher Abreicherungsfaktor vor.

Die stationäre Fixierung des Mediums Boden läßt, bei Kenntnis standortbedingter Faktoren, die von der Flächenneigung und -bebauung, dem Bodentyp und der Bodenart bis zur Be- und Entwässerung reichen, sowie einiger substanzspezifischer physikalischer Eigenschaften der eingetragenen Stoffe, deren Verhaltensmuster modellmäßig besser prognostizierbar werden, mengenmäßige Voraussagen zur Stofftransformation in höherem Maße zu als dies bei den weitaus ausgeprägteren Mischungsvorgängen in Wasser und Luft möglich wäre.

Die Beachtung des Faktors Bioverfügbarkeit, speziell der Pflanzenaufnehmbarkeit, innerhalb der Abreicherung von Stoffen aus dem Boden, hat in den letzten Jahren zugenommen. Ob eine Pflanze z. B. eine Schwermetallverbindung aus dem Boden über ihr Wurzelsystem aufnehmen und in oberirdische Pflanzenteile translozieren kann, hängt zwar primär von der chemischen Bindung des Metallatoms, aber auch von morphologischen Eigenschaften und dem physiologischen Vermögen der Pflanzenspezies, wie von Standortspezifika des Bodens ab. Der Boden muß das Metall freigeben — es muß verfügbar sein —, und die Pflanze muß die Fähigkeit haben, das Metall aufzunehmen. Die Pflanzenmakronährstoffe Stickstoff, Phosphor und Kalium sollen hier — von sehr geringen Ausnahmen abgesehen — ohne Betrachtung bleiben, sind sie doch Gegenstand von Untersuchungen, die bis in das vergangene Jahrhundert reichen. Das gleiche gilt für einige Mikronährstoffe, die in speziellen Zubereitungen landwirtschaftlich und gärtnerisch genutzten Flächen appliziert werden.

Die meisten Metalle gelangen in sehr wenig wasserlöslichen Formen in den Boden, wo sie vorwiegend in oxidischer, sulfidischer, Carbonat-, Phosphat- oder Sulfat-Form festgelegt werden, vorausgesetzt, der Boden hat pH-Werte oberhalb von 5. Nach Ermittlungen von RAUCH (1985) sind weniger als 1% aller im Boden vorliegenden Verbindungen von Pb, Cu, Hg, Cd und Zn wasserlöslich, aber ca. 60% des Cd befindet sich in austauschbarer Form und verfügt daher über eine hohe Mobilität. Tatsächlich konnten auf Böden, die Cd-Immissionen ausgesetzt sind, auch Pflanzen mit erhöhten Cd-Gehalten ermittelt werden.

Als Beispiele für die Möglichkeit der Abreicherung aus dem Boden durch Pflanzenaufnahme einerseits sowie durch Verflüchtigung nach chemischen Transformationen sollen hier Verbindungen des Selens genannt werden. Sie können u. a. mit der Flugasche und dem Klärschlamm in den Boden gelangen und werden relativ leicht in die Vegetation inkorporiert. Selen liegt im Boden als Se-II, Se-I, Se-VI und elementares Se ungebunden oder gebunden an Bodenminerale, Kolloide und organische Materie vor. In Abhängigkeit von pH, Dissoziationskonstanten, Löslichkeitsprodukt und Bodenredoxpotential erfolgt eine langsame Umwandlung von Se-II und Se-IV in Se-VI. Bei saurem oder neutralem pH wird die reduzierte Form bevorzugt. Durch Mikroorganismen werden Se-IV und Se-VI in flüchtige anorganische und organische Selenide umgewandelt.

Die *biologische Verfügbarkeit von Metallen*, die im Boden allgemein in Form von schwerlöslichen Verbindungen festgelegt sind, wird dadurch z. T. wesentlich erhöht, daß in der Umgebung industrieller Emittenten und frequentierter Verkehrswege SO_2 und NO_x abgelagert werden, was zu erheblichen pH-Wert-Absenkungen führen kann. Dieser Vorgang stattet fixierte Metalle, wie z. B. Pb, Cr, Fe, Al u. a., mit Mobilitäten aus, die normalerweise in Kulturböden nicht registriert werden. Auf diese Weise trat das Element Al, das sonst ökotoxikologisch nie in Erscheinung kam, mit einem Mal in den Vordergrund des Interesses der Toxikologie.

Als ein Sonderfall, der solche Vorgänge besonders deutlich demonstriert, können Kippen und Halden der Braunkohlenverstromung betrachtet werden. Durch Oxidation und nachfolgende Hydrolyse eisensulfidhaltiger Mineralien wie Pyrite und Markesite (FeS_2) nimmt der Säuregrad der Kippen und Halden zu; da neben Eisenhydroxid auch freie Schwefelsäure entsteht:

$$4\,FeS_2 + 15\,O_2 + 14\,H_2O \rightarrow 4\,Fe(OH)_3 + 8\,H_2SO_4.$$

Die Schwefelsäurebildung wird, bei Anwesenheit von Carbonaten, teilweise wieder neutralisiert. Die Oxidationsvorgänge werden sehr aktiv durch Mikroorganismen der Gattung Thiobacillus unterstützt. Durch die für Bodenkörper extremen Säuregrade von pH 2 bis 4 werden Schwer- und Übergangsmetalle in erheblichen Ausmaßen gelöst und gelangen mit dem Sickerwasser in den Boden, Grund- und Oberflächengewässer. Allerdings bieten diese Stoffanomalien, die in weiten Bereichen bei gleichbleibenden Emittenten in weiten Bereichen zu konstanten Zusammensetzungen führen, den Vorteil der Modellierfähigkeit und somit zur Vorausberechnung möglicher Schwermetalleinträge in Boden und Wasser.

Überall dort, wo Metalle im Boden angereichert werden, müssen sich Pflanzen, Bodentiere und Mikroorganismen an hohe Konzentrationen toxischer Verbindungen von Pb, Hg, As, Cd u. a. und auch phytotoxischer Elemente anpassen. Es gibt Mikroorganismen und Pflanzenarten, die große Mengen an toxischen Pflanzen akkumulieren können. So enthält z. B. eine in Zaire beheimatete Pflanze, *Aeolanthus biformifolius*, bis zu 1,5% Kupfer in der Trockensubstanz und die aus New Caledonia stammende *Sebertia acuminata* unglaubliche 25% Nickel im Zellsaft. Diese Fähigkeit kann sogar zur Metallgewinnung, bestimmte niedere Tiere, die über ähnliche Eigenschaften verfügen, können als Indikatororganismen genutzt werden (z. B. Asseln für Cu, Cd). Die Anpassung geschieht über verschiedene Mechanismen, bei höheren Pflanzen z. B. durch Komplexierung oder Immobilisierung. Die Fähigkeit von Pflanzen, Metalle aus dem Boden aufzunehmen, kann zu einer Anreicherung und Einbringung in die menschliche Nahrungskette führen — das gilt z. B. für Pilze bei Hg und Cd und für Tabak bei Cd.

Die Aufnahme von Schwermetallen erfolgt hauptsächlich in Form wasserlöslicher Salze, Ionen oder Komplexe, obwohl einige Beweise für die direkte Aufnahme aus Feststoffen vorliegen, insbesondere wenn eine Exkretion von organischen Säuren oder Chelaten durch Pflanzenwurzeln erfolgt. Eine derartige Einbringung von Chelatbildnern in den Boden durch Pflanzen oder auch Mikroorganismen stellt einen Spezialfall von Löslichkeitsveränderungen dar. Pflanzen, die über derartige Fähigkeiten verfügen, sind in der Lage, ihren differenzierten Bedarf an speziellen Schwermetallen zu decken.

Ähnliches gilt für grenzflächenaktive Stoffe, die gleichfalls die Solubilität schwerlöslicher Verbindungen im Wasser, dessen Oberflächenspannung verändert wurde, erhöhen.

Allgemein wird im Zusammenhang mit der Abreicherung von Bodenkontaminanten durch Pflanzen nahezu durchweg an Metalle gedacht. Jedoch sind Pflanzen, die über unterirdische Teile (Wurzeln, Knollen) mit lipophilen Inhaltsstoffen (z. B. Senfölen) verfügen, durchaus in der Lage, extrem wasserunlösliche Substanzen, wie z. B. die chlorierten Kohlenwasserstoffe DDT, und Hexachlorbenzen aufzunehmen und in oberirdische Pflanzenteile zu translozieren und somit aus dem Boden auszutragen.

Alle genannten Prozesse, die zu einer Erhöhung der Wasserlöslichkeit führen, tragen auch zur Perkolation in das Grundwasser bei, die mit dem „*Auswaschungsindex*" gemessen wird. Beträgt dieser 1, 2 oder 3, so bedeutet dies eine jährliche Verlagerungs-

Natürliche und anthropogene Einflußfaktoren auf die Schutzfunktion des Bodens zur Verhinderung der Einwaschung von Fremdstoffen in das Grundwasser, ergänzt nach Winkler (1984)

1. Hydrologische Faktoren

- fazieller Aufbau und Mächtigkeit des Deckgebirges über dem Grundwasserleiter
- Grundwasserverlagerungsverhältnisse und -ernährungsbedingungen
- Geländemorphologie
- Tektonik

2. Mikromorphologie und Zusammensetzung des Bodens

- Bodenstruktur/Bodentextur
- Gehalt und Zusammensetzung mineralischer Kolloide und Salze
- Gehalt an organischer Substanz
- Porenvolumen und Durchlüftung, Bodengefüge (Verdichtungen)
- Bodenbearbeitung, Be- und Entwässerung

3. Biologische Faktoren

- Pflanzenbewuchs, Durchwurzelungstiefe
- Auflockerung durch das Edaphon
- Wirkungen der Bodenmikroorganismen

4. Meteorologische Faktoren

- Niederschlagsmengen und -intensitäten
- Luftbewegung
- Temperatur
- UV-Einstrahlung

Abb. 7

tiefe von < 10, < 20 bzw. > 35 cm in einem mittleren Lehmboden mit ca. 1% C, pH = 6 und einer Jahresmitteltemperatur von 6 bis 10 °C bei durchschnittlichen jährlichen Niederschlagsmengen von 1000 bis 1500 mm. Auch die Durchschlemmung („innere Erosion") der sorbierten Verbindungen hängt stark vom Bodentyp ab. Auf relativ durchlässigen und sorptionsarmen Verwitterungsböden (Grauwacke, Schiefer) wird die Durchschlemmung stark begünstigt.

Eine Zusammenfassung natürlicher und anthropogener Einflußfaktoren auf die Schutzfunktionen des Bodens zur Verhinderung der Einwaschung von Fremdstoffen in das Grundwasser ist Abb. 7 zu entnehmen, in der allerdings Stoffspezifika nicht aufgenommen wurden.

Die Migration von Chemieprodukten wird zwar allgemein nur auf Extremsituationen, wie Havarien, Deponien, hochkontaminierte Standorte und so weiter, beschränkt sowie zumeist nur auf relativ gut lösliche Stoffe eingegrenzt, wie z. B. Metallverbindungen, Detergentien und andere polare Verbindungen. Es muß jedoch darauf hingewiesen werden, daß z. B. auch praktisch wasserunlösliche Substanzen, wie zahlreiche chlorierte Kohlenwasserstoffe, in z. T. erheblichen Mengen im Grundwasser nachgewiesen wurden (Winkler 1984).

Die Erosion an Bodenkolloiden sorbierter Verbindungen mit Wind und Wasser hängt sehr stark von der Bedeckung der Böden mit Pflanzenbewuchs ab, der Neigung der Böden, den Niederschlagsmengen und -intensitäten sowie der Luftbewegung. Sie ist als maßgeblicher Bodenaustragsmechanismus, z. B. für polychlorierte Dibenzo-p-dioxine anzusehen und ist die wichtigste Ursache für die ubiquitäre Verbreitung vieler persistenter Verbindungen. Ihre Bedeutung ist wesentlich größer als z. B. die Verbreitung über den Bodenkörper bis in das Grundwasser. Als wichtigste substanzspezifische Konstanten für die alleinige Verflüchtigung aus dem Boden durch Gasaustausch sind der Dampfdruck und der Siedepunkt der reinen Verbindungen sowie für die Volatilisation gemeinsam mit Wasserdampf der Siedepunkt des azeotropen Gemisches mit Wasser zu nennen.

Die im Boden gebildeten oder durch die Düngung eingebrachten N-*Verbindungen* werden:

— zu einem Teil von den höheren Pflanzen aufgenommen bzw.
— durch die Mikroorganismen verwertet,
— zum anderen ausgelaugt,
— vom Oberflächenabfluß ausgetragen oder
— wandern in tiefere Bodenschichten,
— gelangen ins Grundwasser oder
— gehen an die Atmosphäre verloren.

Verlauf der Denitrifikation

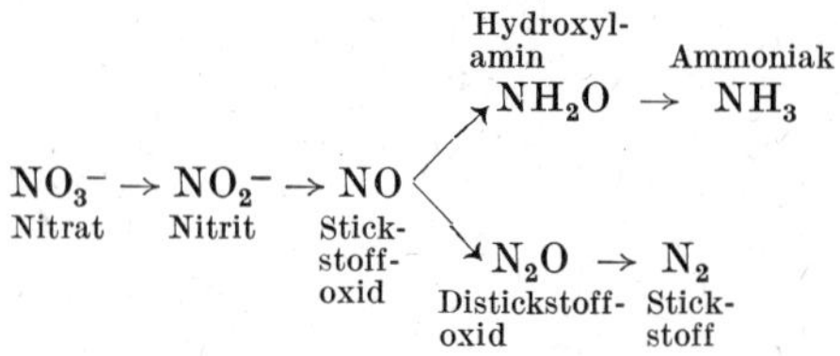

Hydroxylamin NH_2O → Ammoniak NH_3

NO_3^- → NO_2^- → NO
Nitrat Nitrit Stickstoffoxid

N_2O → N_2
Distickstoffoxid Stickstoff

Abb. 8

Der Entzug durch die Pflanzen ist ein produktiver Vorgang und ist nicht Gegenstand dieser Erörterungen.

Viele heterotrophe Bakterien sind in der Lage, mit Hilfe des Sauerstoffs der Nitrate, eine Nitratreduktion durchzuführen. Diesen Vorgang bezeichnet man als *Denitrifikation*. Es entstehen dabei molekularer Stickstoff (N_2) bzw. Stickoxide (NO, N_2O), die aus dem Boden gasförmig entweichen. Die Denitrifikation tritt verstärkt bei Sauerstoffmangel im Boden ($< 0{,}2$ mg O_2/l im Bodenwasser), bei hoher Bodenfeuchtigkeit und bei pH-Werten zwischen 6 und 8 auf. Auch ein hoher Gehalt an leichtzersetzlicher organischer Substanz in nicht vernäßten Böden kann zu erheblichen Verlusten führen.

Ebenso kann Stickstoff als Ammoniak (NH_3) gasförmig entweichen, wenn eine hohe Ammonium-Konzentration in der Bodenlösung (z. B. nach Zufuhr von Ammonium- und Amiddüngern) mit einem hohen pH-Wert zusammentrifft und diese Reaktion unter trockenen Bedingungen in Oberflächennähe abläuft. Die Verluste sind um so größer, je höher die Düngergaben, die Bodentemperatur und je geringer die Sorptionskapazität ist.

Die Freisetzung von Ammoniak wird auch begünstigt durch hohe Harnstoffgehalte und aerobe Fäulnisprozesse. Die chemischen Vorgänge des Denitrifikationsprozesses laufen wie folgt ab (Abb. 8), wobei die Reaktionen im Boden über mehrere Teilabschnitte mit verschiedenen Zwischenprodukten verlaufen.

Die Auswaschung des Stickstoffs aus dem Boden hängt in erster Linie von der Art der Bodennutzung und der Bodenbeschaffenheit ab. Die Auswaschungsverluste sind um so höher, je geringer die Sorptionskapazität, je durchlässiger der Boden, je höher die Stickstoffkonzentration in der Bodenlösung, je größer die Sickerwassermenge und je geringer die Durchwurzelung ist. Wegen seiner hohen Löslichkeit und leichten Beweglichkeit unterliegt hauptsächlich der Nitrat-Stickstoff dem Prozeß der Auswaschung in das Grundwasser. Die Nitrate werden mit dem Sickerwasser in tiefere Bodenschichten transportiert und gelangen schließlich in den Grundwasserleiter. Unter oxidativen Verhältnissen kommt das Nitrat in jedem Grundwasser vor, der Wert liegt bei etwa 5 bis 10 mg/l (SCHMEING 1983; RITTER 1984). Die nachfolgenden beiden Reaktionen zeigen die Oxidation des Ammoniaks zu Nitrit:

$$NH_4^+ + 1\,1/2\,O_2 \xrightarrow{\text{(Nitrosomonas)}} NO_2^- + H_2O + 2\,H^+ + 352\,\text{kJ}$$

und zum anderen die Umwandlung des Nitrits in Nitrat. Beide Reaktionen laufen unter Mitwirkung von autotroph lebenden Mikroorganismen ab.

$$NO_2^- + 1/2\,O_2 \xrightarrow{\text{(Nitrobacter)}} NO_3^- + 84\,\text{kJ}.$$

Die Nitratgehalte können im Grundwasser z. B. aus folgenden Quellen herstammen:

- Infiltration aus Fließgewässern und Seen,
- Versickerung von Abwässern im Bereich von Siedlungen auf direktem Wege oder indirekt aus undichten Abwasserleitungen,
- Sickerwässer aus Mülldeponien,
- Stickstoffaustrag aus land- und forstwirtschaftlichen Nutzflächen.

Um den Nitratanstieg im Grundwasser weitestgehend zu vermeiden, kommt gerade im Bereich der Landwirtschaft der Stickstoffdüngung eine besondere Bedeutung zu:

- Aufteilung der Gesamtdüngermenge auf mehrere Gaben,
- Kontrolle und Berücksichtigung des pflanzenverfügbaren Stickstoffs im Boden,
- weitgehender Verzicht auf Vorrats- und Herbstdüngung,
- Verwendung organischer N-Düngemittel vorwiegend bei Kulturen mit langer Vegetationszeit, keine Ausbringung von Jauche oder Gülle im Winter,
- Einsatz von Nitrifikationshemmern,
- Verbesserung der Humusversorgung des Bodens,
- Anbau von Zwischenfrüchten während der verstärkten Nitratauswaschung im Herbst und Winter,
- Vermeidung von Brachen.

Neben diesen Faktoren spielt auch die Niederschlagsmenge eine nicht zu unterschätzende Rolle.

6. Literatur

DI DOMENICO, A.; VIVIANO, G.; ZAPPONI, G.: Environmental persistence of 2,3,7,8-TCDD in Seveso. In: HUTZINGER, O.; FREI, R. W. u. a.: Chlorinated dioxins and related compounds, impact on the environment. Pergamon Press 1982.

GERLICH, W.: Der Boden als Indikator für eine Schwermetallbelastung der Umwelt. Mengen- und Spurenelemente. Arbeitstagung Leipzig 1983, S. 52.

KHAN, S. U.; AKHTAR, M. H.: In vitro release of bound (nonextractable) Atrazin residues from corn plants by chicken liver homogenate. J. Agric. Ford Chem. **31** (1983), 641–644.

HEINISCH, E.: Ökotoxikologie – Bewertung von Umweltchemikalien. Mitt. bl. Chem. Ges. DDR **32** (1985), 50–56.

KORTE, F.: Ökologische Chemie. Thieme-Verlag Stuttgart, New York 1980.

OTTOW, J. C. G.: Pestizide – Belastbarkeit, Selbstreinigungsvermögen und Fruchtbarkeit von Böden. Landwirtsch. Forschg. **35** (1982), 238–256.

RAUCH, O.: Zur Retention und Perkolation von Schwermetallen in der Pedosphäre. Vortrag gehalten anläßlich des gemeinsamen Seminars des Instituts für Landschaftsökologie der CSAV und des Instituts für Geographie und Geoökologie der AdW der DDR. in Cs. Budejovice am 23. 4. 1985 (unveröffentlicht).

RITTER, R.: Das Nitratproblem in Grund- und Trinkwasser. Forum Städte-Hygiene **35** (1984), 101–106.

SCHMEING, F.: Probleme des Nitratgehaltes im Grundwasser. Inform.ber. Bayer. Landesamt Wasserwirtschaft **2** (1983), 73–84.

SCHMIDT, H.; BEITZ, H.: Die Bodenkontamination durch Pflanzenschutzmittel und mögliche Gefahr für ihr Eindringen in das Grundwasser. Wasserwirtschaft, Wassertechnik **29** (1979), 366–368.

STICHER, H.: Schwermetalle im Boden. Wann können sie in die Nahrungskette gelangen? Lebensmitteltechnologie **13** (1980a), 3–9 und **19** (1980b), 267–279.

UMLAND, F.; COSACK, E.: Cadmium statement. Fresenius z. Anal. Chem. **318** (1984), 581–587.

WINKLER, R.: Schutz der Umwelt vor Kontaminationen durch pflanzenschutzmittelhaltige Abprodukte unter besonderer Berücksichtigung des Grundwasserschutzes. Abschlußarbeit im postgradualen Studium Umweltschutz an der TU Dresden 1984.

Anschrift der Verfasser:

Institut für Geographie und Geoökologie der AdW der DDR,
Bereich Hydrologie, Abt. Hydrologie 1
Rudower Chaussee 5,
Berlin 1199

Geoökologie und Stofffluß in der Landschaft

Hans Neumeister

Zusammenfassung: Geoökologie wird im Sinne der Wortbedeutung als Haushalt in den Geosphären oder weit häufiger in Ausschnitten von ihnen bezüglich Energie und Stoff verstanden.

Relativ umfassende Stoffbilanzierungen sind derzeit nur in Modellandschaften möglich. Eine 5-Jahresreihe aus einer Agrarlandschaft wird vorgestellt. Die Bilanzierung bezieht sich auf Niederschlag, Abfluß, die Stoffein- und -austräge sowie auf Bodenvorratsänderungen der Makronährstoffe. In Abhängigkeit von den meteorologischen Verhältnissen liegen die sickerwassergebundenen Stoffausträge um eine Zehnerpotenz auseinander.

Für relativ schwer meßbare Parameter bzw. für Parameter mit einer relativ kleinen Veränderungsrate, wie für Feststoffumlagerungen und für den luftgebundenen Stoffeintrag, werden Schätzungen angegeben.

1. Eigenschaft und Ziele geoökologischer Forschung

Im Rahmen der geoökologischen Untersuchungen zum Stofffluß und Stoffhaushalt in der Landschaft werden Probleme berührt, zu deren Lösung die Geowissenschaften wesentliche Beiträge leisten können.

1. Geoökologische Fragestellungen beziehen sich auf ökologische Zusammenhänge, bei deren Erforschung geowissenschaftliche Denkweisen und Methoden eine wesentliche Rolle spielen.
2. Geoökologie ist keine neue geowissenschaftliche Disziplin, sondern eine auf spezifische Problemstellungen des Naturhaushaltes gerichtete Herangehensweise geowissenschaftlicher Forschungen im Rahmen der Ökologie.
3. Der räumliche Objektbereich für geoökologische Forschungen ist erdumspannend und umfaßt die vom Erdkern entfernter liegenden Geosphären oder Ausschnitte von ihnen. Die Energie- und Stoffflüsse sind in diesem Bereich offen.
4. Im Energie- und Stofffluß in und zwischen den Geosphären spielen räumliche Gradienten mit bestimmten Koeffizienten der Geschwindigkeit für Transport und Umsatz und der gesellschaftliche Nutzungszweck, Verfügbarkeit und Nutzungsdauer u. a. eine entscheidende Rolle.
5. Geoökologie wird im Sinne der Wortbedeutung als Haushalt in den Geosphären oder weit häufiger in Ausschnitten von ihnen bezüglich Energie und Stoff aufgefaßt.
6. Innerhalb der Geosphären oder ihrer Ausschnitte, die für geoökologische Fragestellungen von Interesse sind, ist der erdoberflächennahe Bereich die bedeutende Intensitätszone für natürlich und gesellschaftlich bedingte Energie- und Stoffbewegungen.
7. Ziel geoökologischer Untersuchungen ist die Lösung gesellschaftlicher Fragestellungen in der Kurz- und Langfrist bezüglich der Nutzung erneuerbarer und nicht erneuerbarer natürlicher Ressourcen für Produktion und Leben sowie der Erhaltung der natürlich bestimmten Lebensqualität.

Der objektive Hintergrund zahlreicher geoökologischer Fragestellungen sind Wirkungen gesellschaftlicher Aktivitäten bestimmter Intensität und Zeitfolge, die zu Änderungen von Strukturen in den Geosphären und der auf diesen Strukturen ablaufenden Prozessen führten oder führen.

Untersuchungsobjekt geoökologischer Forschungen ist in geographischen Einrichtungen im allgemeinen der erdoberflächennahe Bereich, d. h. für die Bedingungen unseres Landes die intensiv und mehrfach genutzte Landschaft.

Die Bestimmung des Stoffhaushaltes und die Aufstellung von Bilanzen des Stoffflusses ist wesentliches Ziel der Forschung. Für die Sicherheit der erzielten Ergebnisse ist die Abgrenzung dreidimensionaler Ausschnitte aus Landschaften entscheidende Voraussetzung. Kleinere Stoffkreisläufe sind in so definierten Landschaftsausschnitten relativ geschlossen. Die größeren Stoffkreisläufe werden geschnitten, so daß zahlreiche Parameter als Eingangs- bzw. Ausgangsgrößen zu erfassen sind.

Haushaltsgrößen und Bilanzen für Landschaftsausschnitte haben eine große praktische Bedeutung:

- Haushaltsgrößen und Bilanzen geben Aufschluß über den Grad des sparsamen Umgangs mit natürlichen Ressourcen, u. a. auch solchen, die sich selber reproduzieren.
- Haushaltsgrößen und Bilanzen sind die Voraussetzung für die Optimierung zwischen Wirtschaftszweigansprüchen in der mehrfach genutzten Landschaft.
- Begrenzende Haushaltsgrößen sind entsprechende Kennwerte ihrer Stabilität und Belastbarkeit.

2. Geoökologische Untersuchungen in definierten Landschaftsausschnitten

In der Landschaft ist durch die enge Verzahnung zwischen natürlichen und anthropogen Prozessen ein intensiver Stofffluß gegeben, der zahlreiche Stoffgruppen und Stoffe umfaßt. Bilanzen des Stoffflusses und die Ermittlung von Veränderungsraten können sich u. a. auf folgende Sachverhalte beziehen:

1. Masse des Sickerwassers und seiner Inhaltsstoffe,
2. Masse der Festsubstanz,
3. Masse der Schwermetalle,
4. Biomasse und Inhaltsstoffe.

Wegen des großen Zeitspektrums der Veränderlichkeit bestimmter Stoffgruppen und Stoffe in den verschiedenen Medien in den Geosphären oder Landschaften ist eine spezifische Untersuchungsmethodik notwendig. Interessierende Zeitintervalle für Veränderungen liegen zwischen Stunden und Jahrtausenden. In diesem Sinne können die gewonnenen wissenschaftlichen Aussagen für die aktuelle Prozeßsteuerung im Jahresgang, für die Planung von Maßnahmen für Jahres-, 5-Jahres- oder Perspektivplanzeiträume ausgewertet werden oder sogar Einschätzungen über Langzeiträume ermöglichen, die für die weitere Entwicklung der Menschheit wesentlich sind.

Im folgenden werden in drei Beispielen Probleme der Stoffbewegung diskutiert, die forschungsmethodisch völlig unterschiedlich zu behandeln sind und die Fülle der Zeitbezüge unterstreichen.

2.1. Die Bilanzieruug des Stoffflusses in Modellandschaften

Charakteristisch für die Stoffbewegung in der Landschaft ist ihre Offenheit. Die Stoffe bewegen sich durch die verschiedenen Medien wie Boden, Luft, Wasser, Vegetation mit unterschiedlicher Geschwindigkeit bzw. werden in ihnen umgesetzt. Selten werden Stoffe in ihrer Bewegung so stark gehindert, daß man vor allem von scharf definierten vertikalen Grenzen sprechen kann (Barrieren verschiedener Art), welche Landschaften nach „unten und oben" begrenzen. Scharfe Begrenzungen schaffen aber günstige Voraussetzungen für die Messung und Beobachtung und schließlich für die Bilanzierung des Stoffflusses in Landschaftsausschnitten. Sie ermöglichen die Erfaßbarkeit und vermindern den Meß- und Beobachtungsaufwand. Landschaften mit den eben geschilderten Eigenschaften besitzen für wissenschaftliche Untersuchungen eine fundamentale Bedeu-

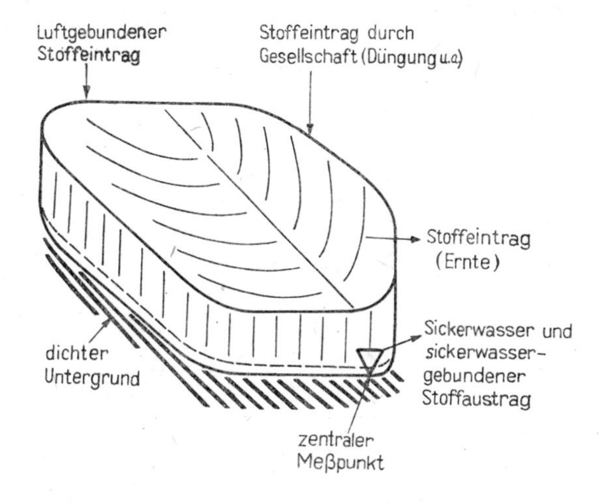

Abb. 1. Allgemeine Eigenschaften von Modellandschaften.

tung und können als Modellandschaften bezeichnet werden. Den geforderten Ansprüchen genügen Drainageflächen von landwirtschaftlichen Großschlägen mit folgenden Eigenschaften (Abb. 1):

— oberirdisch und unterirdisch sicher angegrenztes hydrologisches Einzugsgebiet,
— geringe Variation der Boden- und Reliefmerkmale,
— einheitliche Nutzung unter realen Produktionsbedingungen.

Unter diesen natürlichen Voraussetzungen ist die Gewinnung bestimmter hydrologischer, chemischer und biologischer Daten flächenintegral und in beliebiger zeitlicher Auflösung an der Ausgangsstelle des Einzugsgebietes (Pegel) möglich.

Die Datengewinnung für Parameter, die nicht an diesem zentralen Meßpunkt erfaßt werden können, wie bestimmte Bodenmerkmale, Ertragsmessungen landwirtschaftlicher Pflanzen u. a. erfolgt dezentralisiert nach statistischen Gesichtspunkten oder Merkmalen der natürlichen Differenzierung im Objekt.

Von besonderer Bedeutung für die Abbildung der Stoffbewegung in Modellandschaften ist die oben erwähnte Erfaßbarkeit des sickerwassergebundenen Stoffaustrages an der Ausgangsstelle des Einzugsgebietes. Solche Bedingungen erfüllen hydrologische Einzugsgebiete verschiedener Größenordnung, sie verkörpern a priori bestimmte Aspekte der räumlichen Synthese (Fehlerausgleich) im Untersuchungsansatz.

Die Abbildung der Stoffbewegung mit Hilfe von Größen des Wasserhaushaltes besitzt zahlreiche Vorteile:

- Beobachtung und Bilanzierung des Wasserhaushaltes erfolgt unter landschaftlichen Bedingungen, die sich durch eine relative Unveränderlichkeit der makromorphologischen Struktur auszeichnen. Das Wasser ist die bestimmende Komponente für die Dynamik der Stoffbewegung in der Landschaft.
- Größen des Wasserhaushaltes schwanken im allgemeinen in solchen Toleranzen, die nicht zu irreversiblen Veränderungen in der Landschaft führen. Nur unter außergewöhnlichen Bedingungen natürlicher oder gesellschaftlicher Ursachen sind solche Veränderungen möglich.
- Die zeitliche Auflösung der Beobachtungen ist in Abhängigkeit von den technischen Möglichkeiten beinahe beliebig festlegbar (im allgemeinen von Minuten aufwärts). Die Beobachtungszeiträume können nach gegebenen Anforderungen bestimmt werden — Länge der Zeitreihe.
- Mit Hilfe geophysikalischer Merkmale des Wasserhaushaltes können wegen der hohen Korrelation zwischen Wasserbewegung und dem Transport und dem Umsatz chemischer Substanzen — vor allem der Nährstoffe und z. T. der Spurenstoffe — wesentliche Aussagen zur geochemischen, biogeochemischen und biotischen Dynamik und zu Wirkungen in der Landschaft gefunden werden. Dies ist deshalb von großer Bedeutung, weil diese Komponenten der Landschaftsdynamik für sich nur mit einem hohen Untersuchungsaufwand erkundbar sind.
- Für die Geschwindigkeit des Transports und des Umsatzes chemischer Substanzen ist ihre spezifische Veränderlichkeit von Bedeutung. Sie beträgt bei bestimmten Stickstoffverbindungen Wochen, während Schwermetalle z. B. wesentliche Tendenzen zur Anreicherung erst nach Jahrzehnten, Jahrhunderten und Jahrtausenden aufweisen.
- Die ausgezeichnete zeitliche Auflösung von Prozessen und Komponenten des Wasserhaushalts ermöglicht einen Bezug auf alle volkswirtschaftlich interessierenden Planungszeiträume (Abschnitte von Jahresplänen, 5-Jahrplanung, Langfristplanung).

Die in Abb. 2 und Tabelle 1 dokumentierten Ergebnisse von 5jährigen Bilanzierungen von Niederschlag, Abfluß, der Stoffein- und -austräge sowie der Bodenvorratsänderungen wurden in einer Modellandschaft im mittelsächsischen Lößlehmhügelland erzielt (Gerds

Tabelle 1. Ausgewählte Daten aus den Bilanzierungen der 5-Jahresreihe (s. a. Abb. 2)

	79/80	80/81	81/82	82/83	83/84
Niederschlag (mm)	755	844	653	713	623
Drainageabfluß (mm)	105	221	134	35	20
in Prozent vom Niederschlag	14	26	24	5	3
Austrag Makronährstoffe ($kg \cdot ha^{-1}$)	855	1432	860	245	106

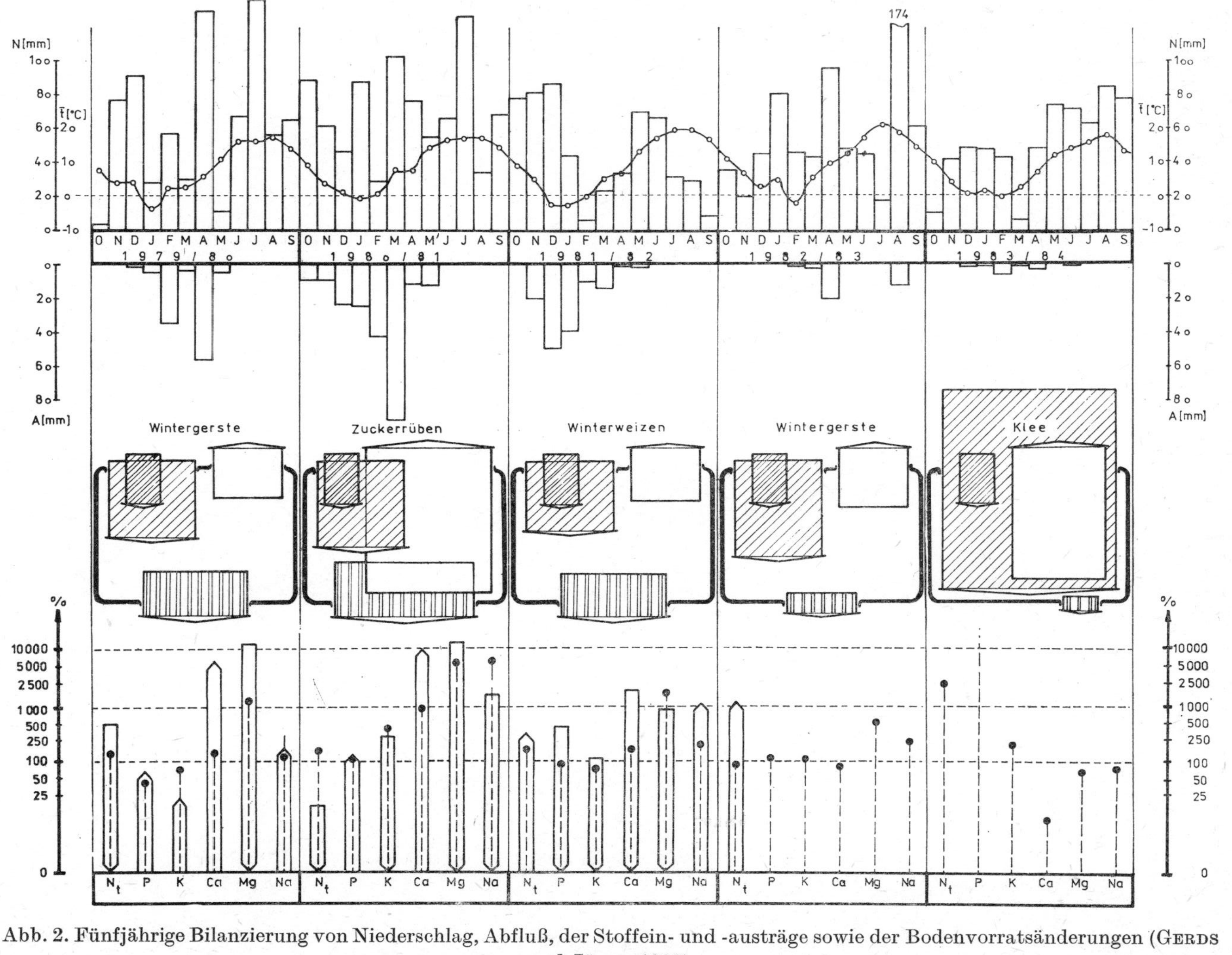

Abb. 2. Fünfjährige Bilanzierung von Niederschlag, Abfluß, der Stoffein- und -austräge sowie der Bodenvorratsänderungen (GERDS und JÄGER 1986)

und JÄGER 1986). Meß- und Beobachtungsfläche ist ein 30 ha großer Ackerschlag, der den Anforderungen für eine Bilanzierung genügt.

Wie die Werte für Niederschlag und Temperatur zeigen, ist ein relativ breites Spektrum meteorologischer Jahresgänge in der Zeitreihe enthalten. Dies drückt sich auch darin aus, daß die Jahresabflüsse um eine Zehnerpotenz auseinanderliegen, ähnliches gilt für den Austrag der Makronährstoffe.

Die Besonderheiten der innerjährlichen Differenzierung, z. B. daß 70—90% der Austräge in den Monaten zwischen Dezember und April erfolgen, soll hier nicht näher diskutiert werden. Relativ konstant ist die Menge des Stoffeintrages durch den Niederschlag, trotz großer Differenzierungen in der Niederschlagsmenge.

Untersuchungen zum Stoffhaushalt in Modellandschaften ermöglichen die Durchführung von

— Experimenten zum Stofffluß und seiner Steuerung,
— gestatten Aussagen zur Effektivität von Produktionsmaßnahmen (s. Stoffein- und -austräge!),
— ermöglichen Einschätzungen zur positiven und negativen Beeinflussung anderer Nutzungen im Territorium.

2.2. Schätzungen zur Feststoffumlagerung

Die Erfaßbarkeit der umgelagerten Masse der Festsubstanz ist relativ schwierig. Die jährlichen Prozeßgeschwindigkeiten sind klein, merkliche Änderungen meist erst nach Jahrzehnten bis Jahrhunderten sichtbar. Es ist demnach eine völlig andere zeitliche Größenordnung der interessierenden Prozeßgeschwindigkeit gegeben als bei der Bodenwasserdynamik. Diese Aussage gilt für allgemeine Schätzungen, nicht für lokale Effekte der Bodenerosion.

Die räumliche Verlagerung von Feststoffen erfolgt diskontinuierlich in Verbindung mit meteorologischen Ereignissen hoher Intensität und ist in starkem Maße vom Bedeckungsgrad der Flächen mit Vegetation abhängig. Die Schwankungsbreite der Werte ist bedeutend größer als beim Wasserhaushalt.

Prozesse der wassergebundenen Masseumlagerungen von Feststoffen sind irreversibel. Das unersetzliche, nicht vermehrbare Produktionsmittel Boden geht verloren. Die quantitativen wirtschaftlichen Folgen sind in Planungszeiträumen mit den derzeitigen Mitteln der Forschung nur schwer nachweisbar. Für die Erhaltung der Produktivität unserer Böden in der Langzeit ist der Bodenschutz unumgänglich.

Die Schaffung leistungsfähiger Meß- und Beobachtungseinrichtungen bzw. die Erarbeitung brauchbarer Methoden zur Bilanzierung des Feststoffhaushalts ist gegenwärtig nur mit hohem Aufwand möglich.

Das vorgestellte Beispiel besitzt den Charakter eines Experiments mit Schätzgrößen, die unter realen Bedingungen beobachtet wurden. Die Abtragungsrate wird in ihrem raum/zeitlichen Bezug durch die Massenstromdichte ($t \cdot ha^{-1} \cdot a^{-1}$) ausgedrückt.

Zur Einschätzung der Stabilität des Bodens gegenüber Abtrag und zur Ableitung von Aussagen über die Belastbarkeit wird von einem Bodenkörper von 80—100 cm ausgegangen. Es gilt

$$\frac{\text{Verlust}}{\text{Vorrat}} = \frac{\text{Massestromdichte } (t \cdot ha^{-1} \cdot a^{-1})}{\text{Masse } (t \cdot ha^{-1})}.$$

Zur Bestimmung der Quantitäten werden die Bodendichten $r = 1{,}2$ und $r = 1{,}7$ benutzt, da diese ungefähr für Pflughorizonte die Extreme im unteren bzw. oberen Dichtebereich dokumentieren.

Wegen der großen gebietscharakteristischen Intensitätsunterschiede im Bodenabtrag werden die Schätzungen mit einem jährlichen Abtrag von 10 t · ha^{-1}; 5 t · ha^{-1}; 1 t · ha^{-1} vorgenommen (Tab. 2).

Tabelle 2. Bodenabträge (mm) pro Zeiteinheit (a) bei bekannter Massestromdichte (t · ha^{-1} · a^{-1})

Postulierter Bodenabtrag	Bodendichte	Abtrag in Millimetern		
		1 Jahr	10 Jahre	100 Jahre
10 t · ha^{-1} · a^{-1}	$r = 1{,}2$	0,83	8,3	83
	$r = 1{,}7$	0,59	5,9	59
5 t · ha^{-1} · a^{-1}	$r = 1{,}2$	0,42	4,2	42
	$r = 1{,}7$	0,30	3,0	30
1 t · ha^{-1} · a^{-1}	$r = 1{,}2$	0,08	0,8	8
	$r = 1{,}7$	0,06	0,6	6

Was bedeuten diese Werte, vor allem diejenigen für 100 Jahre? Ist für diese Frist die Belastbarkeit überschritten, wird in unangemessener Weise das Produktionsmittel Boden abgetragen? Einige Schätzungen können zur Bewertung und Entscheidungsfindung beitragen:

Die Böden haben sich unter den natürlichen Bedingungen des Holozäns in ca. 10000 Jahren entwickelt. Ihre Mächtigkeit beträgt ungefähr 80—100 cm. Für einen Zeitraum von 100 Jahren kann formal die Bildung (Profilvertiefung) von 0,8—1,0 cm angenommen werden. Bei einem Abtrag von 1 t · ha^{-1} würden sich demnach Abtrag und Profilvertiefung die Waage halten.

Bezüglich der Erhaltung des Bodens charakterisiert dieser Wert ein Fließgleichgewicht, welches auf Stabilität hinweist. Diese Stabilität ist für Nutzungsforderungen der Gesellschaft an den Boden zu interpretieren:

- Das Fließgleichgewicht, welches sich unter den Bedingungen der natürlichen Vegetation entwickelt hat, gilt nur dann, wenn auch unter den heutigen Bedingungen der Bodennutzung der Betrag der natürlichen Profilvertiefung im Holozän erreicht wird.
- Weiterhin wird vorausgesetzt, daß ausreichend mächtiges Lockermaterial zur Verfügung steht, das in Boden umgewandelt werden kann. In den Mittelgebirgen und im Hügelland ist dies häufig nicht gegeben.
- Für die Bodenfruchtbarkeit unserer Kulturböden ist das Verhältnis zwischen Abtrag und Profilvertiefung nur eine Orientierungsgröße. Da sich der Abtrag primär in den Pflughorizonten (Ap-Horizonten) auswirkt, die Eigenschaften dieser Horizonte aber im starkem Maße vom gesellschaftlichen Aufwand abhängen, bedeutet jeglicher Mehraufwand an gesellschaftlicher Arbeit für die Profilvertiefung dieser Horizonte eine zusätzliche Belastung des Aufwand-Nutzen-Verhältnisses in der Agrarproduktion.

- Es bestehen eindeutige Relationen zwischen der Höhe des Aufwandes für die Bodenmelioration und der erzielten Bodenqualität. Dies ist durch die Rekultivierung von Boden- und Sedimentmaterial auf Kippen des Braunkohlebergbaus vielfach bewiesen.
- Unter den Bedingungen fehlender Bodenerosion führen natürliche Prozesse zur Erhöhung der Bodenfruchtbarkeit (Profilvertiefung, Humushaushalt u. a.). Bodenabtrag bedeutet in diesem Sinne ein Verschenken von „Gratisdiensten der Natur“ und Erhöhung des gesellschaftlichen Aufwandes.

2.3. Schätzungen zum luftgebundenen Eintrag von Schwermetallen

In diesem Abschnitt wird ein Gedankenexperiment vorgestellt, welches dazu dient, zeitliche Vorstellungen über die Bedeutung von Schwermetalleinträgen aus der Luft zu erzeugen. Die zur Interpretation herangezogenen Daten wurden in verschiedenen Erdteilen ermittelt, eine genaue Charakteristik der jeweiligen lokalen Bedingungen ist nicht gegeben. Von Galloway u. a. (1982) erfolgte lediglich eine Einteilung in Ferne Gebiete, Ländlichen Raum und Industrie/Städte.

Für die Schwermetalle Cadmium, Kupfer, Blei und Zink wurde die Anzahl der Jahre berechnet, die notwendig sind, um die derzeitig gültigen tolerierbaren Grenzwerte für Böden zu überschreiten. In Abhängigkeit von der Lage der Meßobjekte und ihren spezifischen Bedingungen erhalten wir Werte, die von Jahrzehnten bis in die „geologische“

Tabelle 3. Eintrag von Schwermetallen in den Boden aus der Luft — Erreichen der Toxizitätsgrenze in Jahren

Bedingungen: mittlere Böden; pH 6,5; bis 30 cm 4000 t · ha^{-1} Boden

Tolerierbarer Grenzwert ($mg \cdot kg^{-1}$)	Grundlast
Cd 3,0	0,5
Cu 100	10,0
Pb 100	10,0
Zn 300	30,0

	Cd	Cu	Pb	Zn
Ferne Gebiete (Antarktis, Arktis) — Jahre				
	—	180000	40000	54000
	—	360000	360000	540000
Ländlicher Raum				
	10000	18000	1600	5400
	2000	7200	1300	2100
	500	3600		540
Industrie/Städte				
	111	6000	45	1000
	59	1800	22	216
	38	1200	720	108

Zeitdimension reichen. Das breite Spektrum der Werte für ein Schwermetall innerhalb einer Gebietseinheit (Ferne Gebiete u. a.) sowie die Überschneidungen zwischen den Einheiten weisen darauf hin, daß entweder die Gebietseinheiten für die Fragestellung ungeeignet sind oder die zufälligen Meßwerte nicht vergleichbar sind (fehlende Situationsähnlichkeit). Mit solchen Daten kann nur sehr vorsichtig argumentiert werden, weitreichende Schlüsse über die Umweltqualität oder gar deren Entwicklung sind unzulässig.

Aus Tabelle 3 ist ersichtlich, daß „bedrohliche" Werte nur in Emittentennähe im Bereich der Industrie und Städte gegeben sind.

Literatur

Galloway, J. N., J. D. Thornton, S. A. Norton, H. L. Volchok und R. A. N. Mc Lean: The metals in atmospheric doposition: A review and assesment. Atmospheric Environment **16** (1982) No. 7.

Gerds, W. und U. Jäger: Fünfjährige Bilanzierung des Nährstoffumsatzes in einem Agroökosystem. (Manuscript, Institut für Geographie und Geoökologie, 1986).

Kloke, A.: Richtwerte für tolerierbare Gesamtgehalte einiger Elemente in Kulturböden. Mitt. VOLUFA, H. 1—3 (1980) S. 9—11.

Anschrift des Verfassers:

Prof. Hans Neumeister
Institut für Geographie und Geoökologie der AdW
Georgi-Dimitroff-Platz 1
DDR-7010 Leipzig

Naturraumerkundung als Beitrag zur rationellen Bewirtschaftung und zum Schutz von Naturressourcen

Günter Haase

1. Gesellschaftliche und volkswirtschaftliche Anforderungen an die Naturraumerkundung

Die intensive Inanspruchnahme der natürlichen Ressourcen führt in der DDR wie in allen hochindustrialisierten und stark urbanisierten Staaten zu einer zunehmend angespannten Situation sowohl bei der Sicherung des volkswirtschaftlichen Reproduktionsprozesses als auch der weiteren Entwicklung sozialistischer Arbeits- und Lebensbedingungen. Deshalb ist es immer dringlicher geboten, die Nutzung von natürlichen Ressourcen und die Eigenschaften und Potentiale der Naturräume noch umfassender in der Leitung und Planung der gesellschaftlichen Reproduktion zu berücksichtigen. Das gilt sowohl für die komplexe territoriale Planung als auch für die Planung, Projektierung und Durchführung naturnutzender bzw. naturbeeinflussender Maßnahmen in den einzelnen Wirtschaftszweigen.

Die Bereitstellung dafür geeigneter, naturwissenschaftlich fundierter und zweckentsprechend aufbereiteter Planungs- und Projektierungsunterlagen sowie von wissenschaftlichen Grundlagen für die Prozeßführung und Gestaltung von Nutzungsvorgängen gehört zu den vordringlichen Aufgaben der Geo- und Biowissenschaften. Sie haben im Zusammenwirken mit technischen Wissenschaftsdisziplinen und den potentiellen Nutzern in der Volkswirtschaft den notwendigen Vorlauf für eine bessere, nachhaltige Nutzung und den Schutz der natürlichen Ressourcen zu schaffen (Direktive ..., 1981).

Die gesellschaftlichen Anforderungen an „Leistungen" der Naturausstattung und an ihre Ressourcen sind nach Nutzungszielen, Wirtschaftszweigen und Bedürfnissen der Bevölkerung stark differenziert. Dem steht ein insgesamt begrenztes und räumlich außerordentlich strukturiertes Leistungsvermögen des Naturraums gegenüber. Daraus leiten sich die Aufgaben und Ansätze für die Kennzeichnung und Kartierung von Naturräumen sowie für deren Beurteilung bzw. Bewertung in bezug auf Anforderungen der Gesellschaft ab. Ihr Ziel besteht in einer hinreichend detaillierten und vergleichbaren Inventur der Natureigenschaften und ihrer nutzungsbezogenen Interpretation. Die Erkundung, Kennzeichnung und Bewertung von Naturräumen erfaßt dabei sowohl die primär naturbedingten als auch die technogen veränderten (sekundären) Objekte, deren Eigenschaften und Merkmale. Erkundungsobjekt ist der reale, aktuelle, gesellschaftlich gestaltete und genutzte Naturraum.

Bei der Erkundung und Bewertung der Naturausstattung und ihrer Nutzung, der Potentialeigenschaften des Naturraums, seiner Stabilität und Belastbarkeit gegenüber Störeinflüssen, auch zur Einschätzung der Risiken bestimmter Formen der Naturnutzung u. a. ist die Einordnung der von einzelnen Wirtschaftszweigen bei der Nutzung und Veränderung (technischen Gestaltung) des Naturraums ausgelösten Wirkungen in das Gesamt-Wirkungsgefüge der Landschaft (bzw. des Territoriums) eine wichtige Zielgröße. Wissenschaftliche Grundlagen zur Beherrschung und planmäßigen Gestaltung dieser Prozesse zielen ab auf

- die Entwicklung von Verfahren zur Sicherung einer nachhaltigen natürlichen Regenerationsfähigkeit und Eigenregulation sowie einer Steigerung des Leistungsvermögens der Naturbedingungen und der davon abgeleiteten natürlichen Ressourcen,
- auf eine verbesserte Steuerung der Mehrfachnutzung der Landschaft entsprechend ihrer differenzierten Leistungsfähigkeit gegenüber gesellschaftlichen Anforderungen sowie ihrer Belastbarkeit bzw. der Tragfähigkeit für weiter intensivierte Nutzungsformen,
- die Gestaltung möglichst aufwands- und verlustarmer Funktionsweisen, also möglichst geschlossener Stoffkreisläufe in natürlich-technischen Systemen unter Beachtung der natürlichen Regelungsmechanismen und
- die Beachtung der naturbedingten und durch gesellschaftliche Anforderungen ausgelösten räumlichen Differenzierung dieser Erscheinungen.

Die Bewältigung dieser Aufgaben ist ein wesentlicher Beitrag zur Erfüllung von Forderungen beim Umgang mit den Naturbedingungen des gesellschaftlichen Reproduktionsprozesses, wie sie im Gesetz über die sozialistische Landeskultur und in seinen Durchführungsbestimmungen, im Wassergesetz, im Berggesetz, in der Bodennutzungsverordnung, in den Verordnungen über die Standortverteilung von Investitionen und deren Vorbereitung, im Gesetz über die örtlichen Volksvertretungen und anderen gesetzlichen Grundlagen festgelegt sind.

Eine Reihe der oben genannten Aufgaben wird durch Ergebnisse der Naturraumanalyse nach einzelnen Geokomponenten (geologische Strukturen, lithofazielle Schichtung und Gliederung, Böden und Reliefgestalt, hydrologische Eigenschaften und Wasserhaushaltsmerkmale, klimatische Bedingungen, z. T. auch der Vegetationsdecke) zu lösen versucht. Diese Kartierungen sind in der Regel im Auftrag und unter direktem Einfluß einzelner Wirtschaftszweige entstanden und bilden die Naturraumeigenschaften vornehmlich unter dem spezifischen Anforderungsspektrum dieser Zweige ab.

Mit einer solchen Zweckorientierung wird aber ihre Verwendbarkeit bei Entscheidungen und ihrer Vorbereitung mehr oder weniger eingeschränkt, welche auf die systemhafte, ganzheitliche Reaktion des Naturraums bezogen sind oder solche Reaktionen auslösen, die nicht nur einzelne Geokomponenten oder Naturprozesse „isolierend" betreffen. Die Berücksichtigung des Gesamtsystems „Naturraum" ist bei der notwendigen Intensivierung aller Nutzungsvorgänge, bei ihrer ständig zunehmenden Überlagerung und wechselseitigen Beeinflussung von immer größerer Bedeutung und Tragweite bei der Vorbereitung von Entscheidungen.

Ergebnisse einer Naturraumkartierung, die direkt auf bestimmte Nutzungsanforderungen unter definierten technisch-ökonomischen Bedingungen ausgerichtet sind, verlieren einen großen Teil ihrer Aussagekraft, wenn veränderte technische oder ökonomische Voraussetzungen berücksichtigt werden müssen. Eine langfristig nutzbare Interpretationsgrundlage erfordert daher unabhängig von veränderlichen Anforderungskriterien gewonnene und dokumentierte naturwissenschaftliche Erkundungsergebnisse. Nur diese können — zumindest mit ihren weitgehend invarianten Merkmalskombinationen — wiederholt Grundlage für nutzungsbezogene Beurteilungen bzw. Bewertungen sein. Zugleich stellen solche naturwissenschaftlich determinierten Naturräume die (flächenhafte) Bezugsgrundlagen für alle zeitvariablen, prozeßorientierten Beobachtungs- und Meßreihen dar, mit denen die dynamischen Eigenschaften von Naturräumen oder natürlich-technischer Systeme in die Entscheidungsvorbereitung einbezogen werden können. Die nur an ausgewählten Meß- und Beobachtungspunkten zu gewinnenden zeitvariablen Parameter müssen mit Hilfe solcher äumlicher Bezugsgrundlagen in flächenhaft untersetzte Bilanzierungen der Naturbedingungen eingeordnet werden.

Sowohl längerfristig nutzbare Informationen über den Naturraum als auch Zeitreihen über dessen veränderliche Parameter stellen die Basis für umfassende territoriale Informationssysteme (Landnutzungs-Informationssystem) dar, die im internationalen Maßstab zunehmend als Grundlage territorial relevanter Entscheidungsprozesse entwickelt werden. Sie erlauben in Zukunft, mit Hilfe der EDV-gerechten Datenbereitstellung und -verarbeitung die Vorteile einer vielfältigen und sehr komplexen Merkmalsverknüpfung mit denen der raschen Zugriffsmöglichkeit und automatisierten Datenausgabe (einschließlich der Kartenherstellung) zu verbinden. Die Bedienung von territorialen Informationssystemen mit den notwendigen Eingangsdaten zu Eigenschaften und Arealstruktur des Naturraums setzt eine zunehmend komplette Naturraumerkundung und -kartierung voraus, die unter Nutzung aller modernen und leistungsfähigen Erkundungsmethoden, wie u. a. der Geofernerkundung, vorgenommen wird.

2. Lösungsansätze für eine Naturraumkartierung in der DDR

Aus der Einordnung der Naturraumerkundung in aktuelle und prognostische Aufgaben bei der Bewirtschaftung und beim Schutz der natürlichen Ressourcen leiten sich folgende Gesichtspunkte für die Konzeption einer Naturraumkartierung ab:

- Ein Naturraumkarte muß eine ausreichend detaillierte, nach objektiv zu ermittelnden Merkmalen gekennzeichnete und weitgehend reproduzierbare Inventur der Naturraumeigenschaften, d. h. der Ausstattung, der Arealstruktur und der Funktionsweise von Naturräumen vermitteln.
- Die Gestaltung der Naturraumkarte muß eine übersichtliche Form der Datenbereitstellung und ihrer Dokumentation gewährleisten, wobei die Charakteristik zusammenfassender, komplexer Typen naturräumlicher Strukturen mit der Darstellung von einzelnen Elementen der Merkmalskombinationen möglichst gut verbunden werden sollte.
- In der Naturraumkarte sind solche Merkmale der Naturraumstruktur hervorzuheben, die das Systemverhalten des Naturraums bei der Nutzung sowie bei (technischen) Eingriffen und (naturbedingten sowie technisch verursachten) Störungen einzuschätzen erlauben.
- Aus Naturraumkarten sollten die Konsequenzen ableitbar sein, die sich aus der Entscheidung für eine (Haupt-) Nutzung gegenüber anderen Nutzungsformen ergeben, sowie auf Rückwirkungen, die sich aus den Naturbedingungen auf beabsichtigte (geplante) Nutzungen ergeben können.
- Naturraumkarten sollten auf Erscheinungen hinweisen, die sich aus zeitlichen Folge-, kumulativen Summen- und unbeabsichtigten (zeitlichen und räumlichen) Nebenwirkungen im Naturraum und auf die Funktionsweise von Nutzungsprozessen ergeben können.
- Eine Naturraumkarte muß — neben der Orientierung auf das Gesamtsystem „Naturraum" — auch zuverlässige Aussagen über einzelne Geokomponenten vermitteln, wobei sowohl deren Einordnung in die Gesamtstruktur des Naturraums als auch die Konsequenzen aus einer selektiven Nutzung der einzelnen Geokomponenten und deren Folgewirkungen im Natursystem dargelegt werden sollten. Damit wird die Beziehung der Naturraumkartierung zu den auf einzelne Geokomponenten ausgerichteten Kartierungen deutlich gemacht.

Eine Naturraumkarte, die diese Gesichtspunkte weitgehend erfüllen kann, besteht aus mehreren, in gleichem Maße wesentlichen Teilen. Sie ist stets als eine Kartenserie bzw. Kartenwerk zu konzipieren und zu entwickeln. Dabei ist es ohne weiteres möglich, bereits bestehende Kartierungen vollständig oder bis zu einem gewissen Grade in ein solches Kartenwerk einzubeziehen.

Die Teile einer Naturraumkarte können drei thematischen Bereichen zugeordnet werden (HAASE u. a. 1985):

(1) *Naturwissenschaftliche Basiskarte*

Sie dient der Abbildung von Naturraumstrukturen und deren Eigenschaften nach naturwissenschaftlichen Grundsätzen, wobei die Auswahl der Kriterien und Merkmale die spätere Interpretation der Kartierungseinheiten nach Nutzungsanforderungen berücksichtigen muß. Die Kartierungseinheiten bezeichnen korrelative Merkmalskombinationen mehrerer bis zahlreicher Naturraumkomponenten und -merkmale, sind nach ihrem Inhalt also Naturraum-Typen. Diese typisierten, komplexen Kartierungseinheiten müssen zweifelsfrei mit Kartierungseinheiten der auf Geokomponenten bezogenen thematischen Karten verbunden werden können. Die Aufgliederung der Typen in die einzelnen Merkmale und ihre Parameter kann durch geeignete Dokumentations- und Darstellungsformen auf der Karte und in Legendenkatalogen vorgenommen werden.

(2) *Ergänzungskarten und -materialien*

Das Gestaltungsprinzip der Komplexkarte, das für die naturwissenschaftlichen Basiskarten empfohlen wird, verzichtet bewußt auf eine spezifische kartographische Wiedergabe von einzelnen Merkmalen und Parametern der Naturraumstruktur, obwohl diese für bestimmte Auswertungen von hohem Interesse sein können.

Daher erweisen sich Ergänzungen zur naturwissenschaftlichen Basiskarte als eine zweckmäßige und notwendige Darstellungsform von komplexen Naturraumkarten, in denen — für bestimmte Anforderungsbereiche aus der Volkswirtschaft gebündelt — spezifische Merkmale und Parameter des Naturraums in ausführlicher Form dokumentiert und abgebildet werden.

So stellt die Struktur der Flächennutzung (Landnutzung) stets eine notwendige Ergänzung zur Naturraumkarte dar, weil die Einschätzung der Beziehungen zwischen Naturraum- und Nutzungsstruktur zu den Grundfragen der Vorbereitung volkswirtschaftlicher und gesellschaftlicher Entscheidungen bei Bewirtschaftung und Schutz von Naturressourcen gehört. Das gilt in ähnlicher Form für alle landnutzenden Volkswirtschaftszweige. Daraus ergeben sich enge Beziehungen von der Naturraumkarte zu zweigspezifischen Kartierungen, wobei im Interesse einer rationellen und effektiven Gestaltung eines Naturraum-Kartenwerkes von vornherein auf eine höchstmögliche Kompatibilität zu achten ist. Die gleiche Forderung gilt in bezug auf das Planungskataster, das als integratives Instrumentarium der territorialen Planung bei den Bezirksplankommissionen geführt und weiter ausgebaut wird (SASSE 1984).

(3) *Serie von Auswertungs- und Interpretationsmaterialien*

Die Überleitung der Ergebnisse der Naturraumerkundung in die Volkswirtschaft und weitere gesellschaftliche Bereiche erfordert eine Auswertung und Interpretation mit dem Ziel, nutzerfreundliche Formen der Ergebnisdarstellung anzubieten. Dazu gehören Aussagen z. B. über Leistungsvermögen, Belastungsgrad und Belastbarkeit, korrespondierende oder neutrale Mehrfachnutzungen, Störungen durch konkurrierende Nutzungsformen, erweiterungsfähige natürliche Ressourcen oder limitierende Naturbedingungen usw.

Dabei sind verschiedene Formen der Ergebnisdarstellung anzuwenden, neben kartographischen ebenso tabellarische, statistische, verbale u. a. Eine Kartendarstellung kann immer entfallen, wenn sich die Überleitungs- und Interpretationsaussagen voll auf die Kartierungseinheiten der Basiskarte beziehen. Eine weitere Form der Ergebnisdarstellung mit EDV-gerechter Datenausgabe wird sich über territoriale Informationssysteme ergeben.

Die Auswertematerialien können auf der Grundlage der naturwissenschaftlichen Basiskarte ständig neuen Anforderungen angepaßt werden. Die konsequente Trennung von Basiskarte und Auswertematerial erlaubt es, mit Hilfe der mehr oder weniger invarianten Merkmale der Naturausstattung eine mehrfach wiederholte Beurteilung von Wechselwirkungen zwischen Naturraum- und Nutzungsstruktur vorzunehmen, ohne deren Aussagekraft wesentlich zu vermindern. Damit kann der große Aufwand, der für die Primärerkundung der Naturraumstruktur erforderlich ist, durch eine mehrfache Nutzung relativiert und auf lange Sicht zur Kostenminderung beigetragen werden.

Die Nachführung der variablen Merkmale der Naturausstattung (Änderungen im Vegetationsbestand, im geochemischen Verhalten, im Humuszustand, im Wasserhaushalt nach Meliorationen u. a.) ist jedoch in den dafür notwendigen Fristen auch bei der vorgeschlagenen Lösungsvariante für die Naturraumerkundung notwendig. Sie bedingt eine entsprechende Laufendhaltung der Naturraumkarten und anderer dazu gehörender Informationsträger.

Die bisher in der DDR und im internationalen Rahmen, vor allem auch innerhalb der Zusammenarbeit sozialistischer Länder zum RGW-Umweltprogramm durchgeführten Arbeiten zur Rahmenmethodik der Naturraumerkundung haben ergeben, daß Naturraumkarten für den Einsatz in der Volkswirtschaft in mehreren Maßstabsbereichen benötigt werden.

Lange Tradition haben in der DDR die Bemühungen um großmaßstäbige (1 : 10000 bis 1 : 25000) Naturraumkartierungen. Auf der Grundlage eines ausgereiften, mehrfach verbesserten Verfahrens hat die Forstliche Standortkartierung in der DDR seit mehr als drei Jahrzehnten alle forstlichen Nutzflächen (zum Teil wiederholt) erkundet und in Standortskarten 1 : 10000 dokumentiert (Kopp 1969, 1973; Schwanecke 1971). Die landschaftsökologische Erkundung und Kartierung hat zum Ende der 60er Jahre ein ebenso abgerundetes Verfahren vorgelegt (Haase 1967, 1968; Spengler 1973; Hubrich und Thomas 1978) und anhand von Beispielen dessen Anwendbarkeit zur Ermittlung des Ertragspotentials landwirtschaftlich genutzter Standorte, zur Abschätzung der Grundwasserneubildung, zur Standortbeurteilung von Spezialkulturen u. a. gezeigt. In mehreren Standards und Richtlinien liegen ausreichende Verfahrensgrundlagen für den Einsatz bei der Projektierung von Nutzungsvorhaben und der Einleitung landeskultureller Maßnahmen vor. Naturraumerkundungen in diesem Maßstabsbereich werden aber — nach dem heutigen Erkenntnisstand — stets auf kleine Bereiche, für die konkrete Veränderungen in der Nutzungsform vorgesehen sind, beschränkt bleiben.

Für alle Aufgaben, die über größere Gebiete Aussagen zur Naturraumstruktur und die daran gebundenen Naturressourcen erfordern, sowie für den Vergleich und die Bewertung von Einzelmaßnahmen auf einer tragfähigen gleichartigen Erkundungsgrundlage ist jedoch eine Naturraumkarte der DDR im mittleren Maßstabsbereich von 1 : 50000 bis 1 : 200000 zu fordern. Die Begründung dafür ergibt sich aus den gesellschaftlichen und volkswirtschaftlichen Anforderungen:

- Gegenstand der Territorialplanung und darin eingeschlossen einer Landschaftsplanung sowie der Vorbereitung und Durchführung komplexer landeskultureller Maßnahmen (Planung und „Grob"-Projektierung) sind in bezug auf den Naturraum vor allem chorische Raumeinheiten, die Areale in der Größenordnung von mehreren ha bis zu einigen km² einnehmen. Das ergibt sich aus dem Flächenanspruch der heutigen Produktions- und Nutzungsformen, wie den großen Schlageinheiten und industriellen Produktionsmethoden in der Land- und Forstwirtschaft, dem Flächenanspruch bei der Ausbeutung mineralischer Rohstofflagerstätten, bei der Gewinnung von Wasser und dem Schutz von Wasserressourcen, bei der Siedlungserweiterung und dem Ausbau der Infrastruktur, bei der Erholung, Freizeitgestaltung und anderen gesellschaftlichen Nutzungszielen in der Landschaft.
- Die Landschaft wird — von großräumigen Regulierungs- oder Nutzungsvorhaben abgesehen — nicht als Ganzes unmittelbar verändert bzw. gestaltet, sondern insbesondere durch die Nutzung ihrer einzelnen, seitens der verschiedenen Bedarfsträger (Wirtschaftszweige, gesellschaftliche Bereiche) abgegrenzten Teile (Nutzflächen und andere Landschaftsobjekte, stoffliche und energetische Ressourcen). Dies geschieht vor allem über die Projektierung und standardisierte Nutzungsregelung in den landnutzenden Wirtschaftszweigen. In diese Aktivitäten müssen deshalb alle Kriterien einfließen, die zur Sicherung der natürlichen Eigenregulation, zur Gewährleistung der Regeneration des Naturraums nach devastierenden Eingriffen und zur nachhaltigen Mehrfachnutzung der Naturpotentiale erforderlich sind. Jeder Projektierungsvorgang und jede Nutzungsumwidmung stellt aber einen (potentiellen) Eingriff in das gesamte Natur- und Nutzungsgefüge der Landschaft dar.

  Ein möglichst nachhaltiges und optimales Funktionieren der beeinflußten (veränderten, gestalteten) Objekte und das Erreichen der projektierten Leistung hängt dabei nicht nur von der beabsichtigten Nutzungsform auf dem betroffenen Landschaftsteil ab, sondern zugleich von der Einbindung der Maßnahmen in den übergeordneten, die Umgebung einbeziehenden raumzeitlichen Wirkungszusammenhang des Naturraums. Damit lassen sich (ungewollte) Neben- und Folgewirkungen, die auch mit starker zeitlicher und/oder räumlicher Verschiebung auftreten können, in einem höheren Grade voraussagen und einschätzen sowie mögliche Störungen abwenden bzw. begrenzen.

Eine mittelmaßstäbige Naturraumerkundung dient in erster Linie der territorialen Planung in enger Verbindung mit der Planung und Projektierung (Phase der Grobprojektierung) in den (landnutzenden) Wirtschaftszweigen sowie einer rationellen, die Mehrfachfunktion im Territorium berücksichtigenden Projektauswahl, Projektvorbereitung, Standorteinordnung und Flächensicherung.

3. Ergebnisse bei der Entwicklung des Kartierungsverfahrens für eine „Naturraumtypenkarte der DDR im mittleren Maßstab" (Projekt NTK)[1]

Die Entwicklung der theoretisch-methodischen Grundlagen der Naturraumerkundung in der chorischen Dimension hat zu allgemein anerkannten Vorstellungen zum vertikalen Aufbau und zur horizontalen Gliederung des Naturraums geführt.

---

[1] Die im Vortrag vorgelegten Karten- und Dokumentationsbeispiele können hier leider nicht wiedergegeben werden (vgl. Haase u. a. 1985).

Die Abgrenzung und Gliederung des Naturraums nach seinem vertikalen Aufbau geht vom Konzept des Stockwerkbaus aus (Richter 1980). Die Naturraumerkundung konzentriert sich danach auf Eigenschaften und Merkmale des naturräumlichen Hauptstockwerks, das als „Durchdringungskörper" der an der Erdoberfläche zusammentreffenden Geosphären (Litho-, Atmo- und Hydrosphäre sowie Pedosphäre), der Biosphäre und der anthropogen-technogenen Einwirkungen und damit als Hauptbereich des Umsatzes von Energie sowie des Aufbaus, der Umwandlung und Verlagerung von anorganischer und organischer Substanz aufgefaßt wird. Das naturräumliche Hauptstockwerk ist durch vertikal gerichtete Prozesse mit den benachbarten Stockwerken in der Landschaftssphäre, dem Atmosphären- und dem Untergrundstockwerk, verbunden.

Die Kennzeichnung und Abgrenzung einzelner (individueller) Naturraumeinheiten erfolgt nach allgemein anerkannten Strukturprinzipien für die horizontale Gliederung des Naturraums. Ihre wesentlichsten Aussagen sind (vgl. Haase 1979):

— Die horizontale Strukturierung des Naturraums gründet sich auf die Tatsache, daß innerhalb des „von Ort zu Ort variierenden Kontinuums der Landschaftssphäre" Stetigkeitsbereiche in der Werteverteilung einzelner Eigenschaften hervortreten, die von Grenzsäumen mit diskontinuierlicher und sich auf kurze Entfernungen verändernder Werteverteilung umgrenzt werden (Arealprinzip, Herz 1975).
— Aus diesem Tatbestand leiten sich — nach im allgemeinen übereinstimmend formulierten Konventionen (vgl. Haase 1979) — die topischen Naturraumeinheiten, die Geotope, als quasi-homogene (homogen gesetzte) Grundeinheiten der horizontalen Struktur des Naturraums ab. Ihre Eigenschaften werden von Ausstattungs- oder Inhaltstypen der topischen Dimension, den Geokomplexformen, wiedergegeben.
— Als übergeordnete (ranghöhere) Naturraumeinheiten bei chorischen Dimensionen werden Geochoren ausgeschieden, die Verbände bzw. Mosaike von topischen Grundeinheiten darstellen. Ein wesentliches Merkmal der Geochoren ist ihre heterogene innere Struktur, bezogen auf die Gliederung in Geotope und deren Kennzeichnung durch Geokomplexformen. Sie sind aber zugleich deutlich von benachbarten Arealen vergleichbarer Rang- und Größenordnung zu unterscheiden, denn das Inventar an Topen und deren räumliches Anordnungsmuster verleihen den Geochoren auch integrative, zusammenfassende Merkmale einer „relativen Homogenität auf höherer Rangstufe". Solche Merkmale sind sowohl in ihrer Ausstattungsstruktur (Vergesellschaftung einer bestimmten Menge topischer Geokomplexformen) als auch in ihrer Arealstruktur (Lagebeziehungen aus der räumlichen Anordnung der Tope) gegeben.
— Die Erkundung von Geochoren geht deshalb vornehmlich von der Analyse der Assoziierung (Aggregierung) von Topen zu höherrangigen chorischen Naturraumeinheiten aus. Das Assoziierungsprinzip (Gefügeprinzip bei Herz 1975) äußert sich in einem wachsenden Vergesellschaftungsgrad von Topen in den chorischen Einheiten. Nach weitgehend objektivierbaren Ausgrenzungsregeln können danach mehrere Ordnungsstufen von Geochoren unterschieden werden.

Als Kartierungseinheiten einer mittelmaßstäbigen Naturraumtypen-Karte der DDR werden die beiden untersten Ordnungsstufen verwendet: Nano-Geochoren und Mikro-Geochoren (kurz: Nano- und Mikrochoren) (Abb. 1 und 2).

Nanogeochoren sind heterogen zusammengesetzte Naturraumeinheiten mit den einfachsten Gefügemerkmalen. Sie stellen Verbände (Mosaike) mit einer sehr begrenzten Menge an Topen und diesen entsprechenden Geokomplexformen dar. Sie besitzen ein einfach gebautes Anordnungsmuster ihrer Tope, das einem einheitlichen Kopplungsschema zugeordnet werden kann (Platten-, Senken- oder Hang-Kopplung und deren Mischformen).

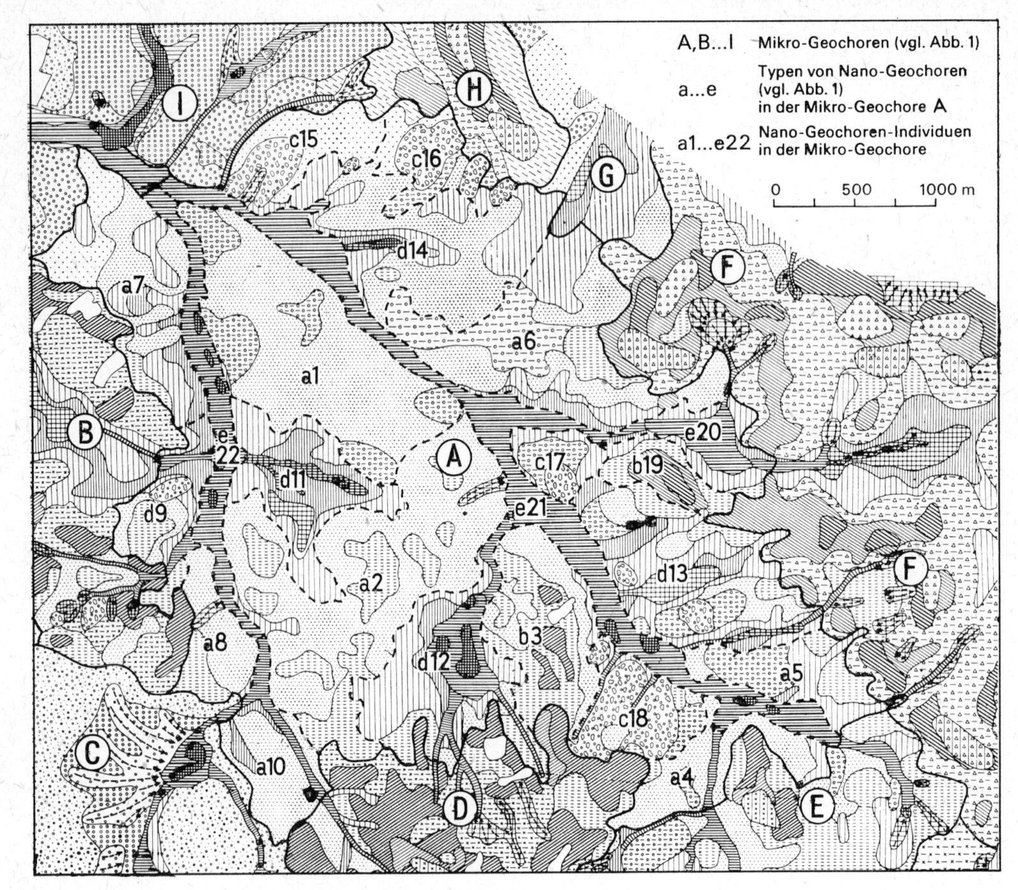

Abb. 1. Nano- und Mikrogeochoren, dargestellt als Topgefüge. (Die Individuen und Typen von Geotopen sind durch unterschiedliche Schraffuren gekennzeichnet, vgl. dazu Haase 1964). Entwurf: G. Haase, Kartographie: J. Grosser, R. Bräuer

Mikrogeochoren sind im Vergleich zu Nanochoren höher assoziierte Verbände (Mosaike) von Topen. Sie vereinigen mehrere Nanochoren nach bestimmten Anordnungsregeln und bilden nach dem Inventar umfangreichere und nach dem Anordnungsmuster vielgestaltigere Topgefüge. Mikrogeochoren besitzen gegenüber Nanogeochoren eine komplizierter aufgebaute Arealstruktur, in der sich vornehmlich landschaftsgenetische Merkmale widerspiegeln.

Nanogeochoren werden als dominierende Kartierungseinheit in Naturraumkarten der Maßstäbe 1 : 50000 bis 1 : 100000, Mikrogeochoren bei Maßstäben von 1 : 200000 (z. T. auch bei 1 : 100000) verwendet.

Ein Vergleich der Nanogeochoren mit den Kartierungseinheiten der Mittelmaßstäbigen landwirtschaftlichen Standortkartierung (MMK) zeigt, daß deren Grundeinheiten, die Standortregionaltypen, mit diesen weitgehend parallelisiert werden können. Aus Standortregionaltypen lassen sich durch Zusammenfassung entsprechend der Bildung von Nanogeochoren-Kombinationen meist ohne Schwierigkeiten, jedoch unter

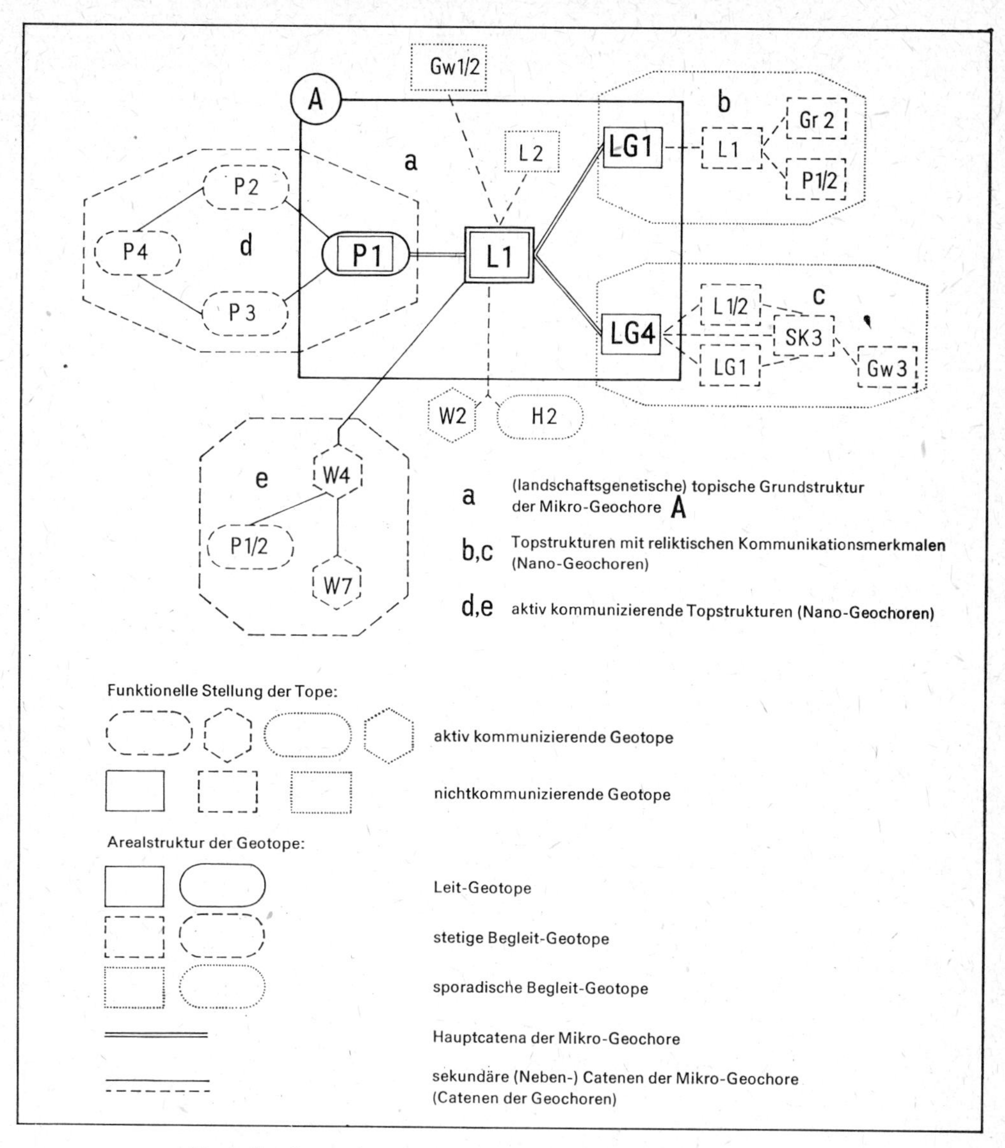

Abb. 2. Strukturschema einer Mikrogeochore (Areal A in Abb. 1)

Beifügung der in der MMK nicht berücksichtigten Naturraummerkmale mikrochorische Naturraumeinheiten ableiten (vgl. Schmidt 1984).

Bei der standortsgeographischen Auswertung der Forstlichen Standortserkundung (FoSTK) werden Standortsmosaike ausgeschieden, die eine enge Verwandtschaft zu Mikrogeochoren zeigen. Daher konnten Ergebnisse der FoSTK zwanglos in die Kartierungsbeispiele für eine Naturraumtypenkarte der DDR im mittleren Maßstab einbezogen werden (Kopp 1975; Schwanecke 1980). Aus den Teilmosaiken der FoSTK können — bei weiterer Verfolgung der noch notwendigen Anschlußarbeiten — mit ausreichender Zuverlässigkeit Nanogeochoren gebildet werden, so daß auch dafür die notwendige Anpassung beider Kartierungsverfahren gesichert werden dürfte.

Daraus ergibt sich eine äußerst rationelle Verfahrensweise bei der Entwicklung der naturwissenschaftlichen Basiskarten, der Kennzeichnung der Kartierungseinheiten und ihrer typologischen Ordnung. Über die Verbindung von FoSTK und MMK mit der Naturraumtypenkarte im mittleren Maßstab kann ein Kartenwerk zur Naturraumerkundung geschaffen werden, das nach vergleichbaren Kriterien weit über 90% des Staatsgebietes der DDR abdeckt. Auch für die Auswertung und Interpretation der naturwissenschaftlichen Erkundungsergebnisse ergeben sich aus dieser Kopplung sehr günstige Ansätze.

Die methodische Einheitlichkeit des Kartierungsverfahrens wird durch vier Arbeitsmittel gesichert, die untereinander eng verflochten sind und eine ständige Ergänzung bzw. Erweiterung nach dem Baukastenprinzip erlauben. Das sind:

- eine „Richtlinie für die Bildung und Kennzeichnung der Kartierungseinheiten der NTK“,
- Rahmenkataloge für Naturraumtypen auf der Ebene der Mikro- und der Nano-Geochoren,
- einheitliche Gestaltungsgrundsätze für die kartographischen Darstellungsformen in beiden Maßstabsgruppen und
- einheitliche Formen der Dokumentation der Erkundungsergebnisse.

Die „Richtlinie ...“ (Haase, Diemann, Mannsfeld und Schlüter 1985) dient vor allem der einheitlichen und zugleich reproduzierbaren Bildung, Ausgrenzung und Kennzeichnung der Kartierungseinheiten. Aus der Vielfalt von Merkmalen und Parametern, die dafür herangezogen werden können, müssen — bei einer strengen Begrenzung einer für die Lösung der Aufgaben notwendigen Mindestmenge — jene wesensbestimmenden Merkmale ausgewählt werden, die eine ausgewogene Charakteristik der chorischen Geokomplexe erlauben. Deshalb sind in der „Richtlinie ...“ sowohl auf den Gesamtverband der Geochoren bezogene Rahmenmerkmale als auch deren innere Differenzierung beschreibende Kompositionsmerkmale enthalten. Weitere Auswahlkriterien beziehen sich auf die Wiedergabe der Ausstattungs- und der Arealstruktur, die Beschreibung der abiotischen wie der biotischen Geokomponentengruppe sowie die Beachtung der naturbedingten und der durch die Nutzung beeinflußten bzw. beeinflußbaren Eigenschaften des Naturraums. Des weiteren ist bei der Merkmalsauswahl stets ein zweckmäßiges Verhältnis von primär (d. h. im Gelände unmittelbar) erkundbaren zu den sekundär abgeleiteten (indirekt aus Geländeaufnahmen ermittelten) Parametern anzustreben.

Die in der „Richtlinie ...“ zusammengefaßten Merkmalstabellen vereinheitlichen die für eine komplexe Naturraumerkundung benötigten Merkmalskennzeichnungen und führen zu deren weitgehender Standardisierung. So sind erstmalig Inhaltsbestimmungen und Typendefinitionen für chorische Anordnungsmustertypen, für Reliefformen-Kombinationen, für Bodenformen- und Hydrotop-Kombinationen, für Boden(formen)-Gesellschaften, für Geländeklimamosaik-Typen u. a. erfolgt. Neu entwickelt wurden die Ansätze für die Bestimmung von „chorischen geologisch-strukturellen Einheiten“, von Hydromorphieflächen-Typen, von Kupplungstypen der Geotope als Ausdruck ihrer räumlichen Vernetzung, für Parameter der Arealheterogenität, Merkmalsvariabilität und des geosynergetisch-ökologischen Kontrastes von Geochoren. Die Konzeption der vegetationsökologischen Kennzeichnung und Bewertung von aktuellen und potentiell-natürlichen Vegetationseinheiten wurde wesentlich weiterentwickelt. Die „Richtlinie ..." enthält ein in sich geschlossenes Verfahren zur Kennzeichnung von Seen als Naturraumtypen (Succow und Kopp 1985).

Als unzureichend werden neben der klimatisch-meteorologischen Kennzeichnung von Geochoren vor allem noch die Merkmale zur Beschreibung der Naturraumdynamik angesehen. Hierfür sind vertiefende Grundlagenforschungen in den nächsten Jahren dringend nötig.

Der Aufbau eines Erkundungs- und Kartierungsverfahrens für chorische Naturraumeinheiten erfordert einen für das gesamte Kartierungsgebiet anwendbaren allgemeinen Rahmenkatalog von Geochorentypen. Dieser dient sowohl als Rahmen einer einheitlichen Kartenlegende in der Phase der Bearbeitung der einzelnen Kartenblätter als auch zum Vergleich der Auswerte- und Interpretationsaussagen über das als Beispiel bearbeitete Mustergebiet hinaus. Voraussetzung für die Aufstellung von Rahmenkatalogen für Geochoren ist die Zusammenfassung einer Mehrzahl von Kartierungseinheiten zu Geochoren-Typen und deren klassifizierende Ordnung.

Die bisherigen geochorologischen Erkundungen und Kartierungen haben — eingeschlossen die Ergebnisse der FoSTK und MMK — bereits ein so umfangreiches Material erbracht, daß für Mikrogeochoren in einem zweiten Entwurf ein DDR-weit gültiger Rahmenkatalog vorgelegt werden konnte (Haase, Barsch, Kopp, Mannsfeld, Schwanecke, Schmidt u. a. 1985). Er enthält ca. 500 Mikrogeochoren-Typen, womit die Kenntnisse über die Naturraumgliederung der DDR wesentlich erweitert und vertieft werden konnten. Die Aussagen über Beziehungen zwischen geologischem Bau, Reliefstruktur, Substrat- und Bodendecke sowie den Wasserhaushalt im naturräumlichen Hauptstockwerk konnte wesentlich präzisiert und verbessert werden. Ferner wird erstmals eine umfangreiche Kennzeichnung der Typen nach Merkmalen der klimatisch-biotischen Geokomponentengruppe vorgenommen, wenn auch gerade diese Charakteristiken noch weiter zu vertiefen und zu vervollständigen sind. Auf der Ebene von Nanogeochoren konnte ein DDR-weiter Rahmenkatalog noch nicht vorgelegt werden; es wurden aber — ausgehend von intensiv bearbeiteten Beispielsgebieten — mehrere regional gültige Typenkataloge entwickelt, die die Anwendbarkeit der methodischen Grundsätze belegen.

Eine gute kartographische Gestaltung der Naturraumtypenkarten entscheidet in hohem Maße über deren Nutzbarkeit in der Praxis. Das gleiche gilt von der Form und Übersichtlichkeit der Dokumentation der Erkundungsergebnisse. Als mit graphischen Mitteln gestaltete Strukturmodelle mit gleichzeitiger Funktion eines Datenspeichers bieten Karten und ihre Dokumentationsmittel die besten Möglichkeiten für eine schnell auswertbare analoge Darstellung räumlich differenzierter Strukturen und Sachverhalte. Die Lösung dieser Aufgaben erweist sich angesichts der hohen Komplexität des Kartierungsobjekts „Naturraum" mit seinem breiten Merkmalsspektrum, seiner arealen Strukturierung und zeitlichen Veränderlichkeit, seiner regionalen Differenziertheit sowie der vielfältigen Funktionen im gesellschaftlichen Reproduktionsprozeß als äußerst anspruchsvoll. Deshalb wird vorgeschlagen, die naturwissenschaftlichen Grundinformationen über das naturräumliche Hauptstockwerk in einer teilsynthetisch gestalteten Komplexkarte in Objekt-Areal-Methode wiederzugeben (Kugler, Bickenbach,

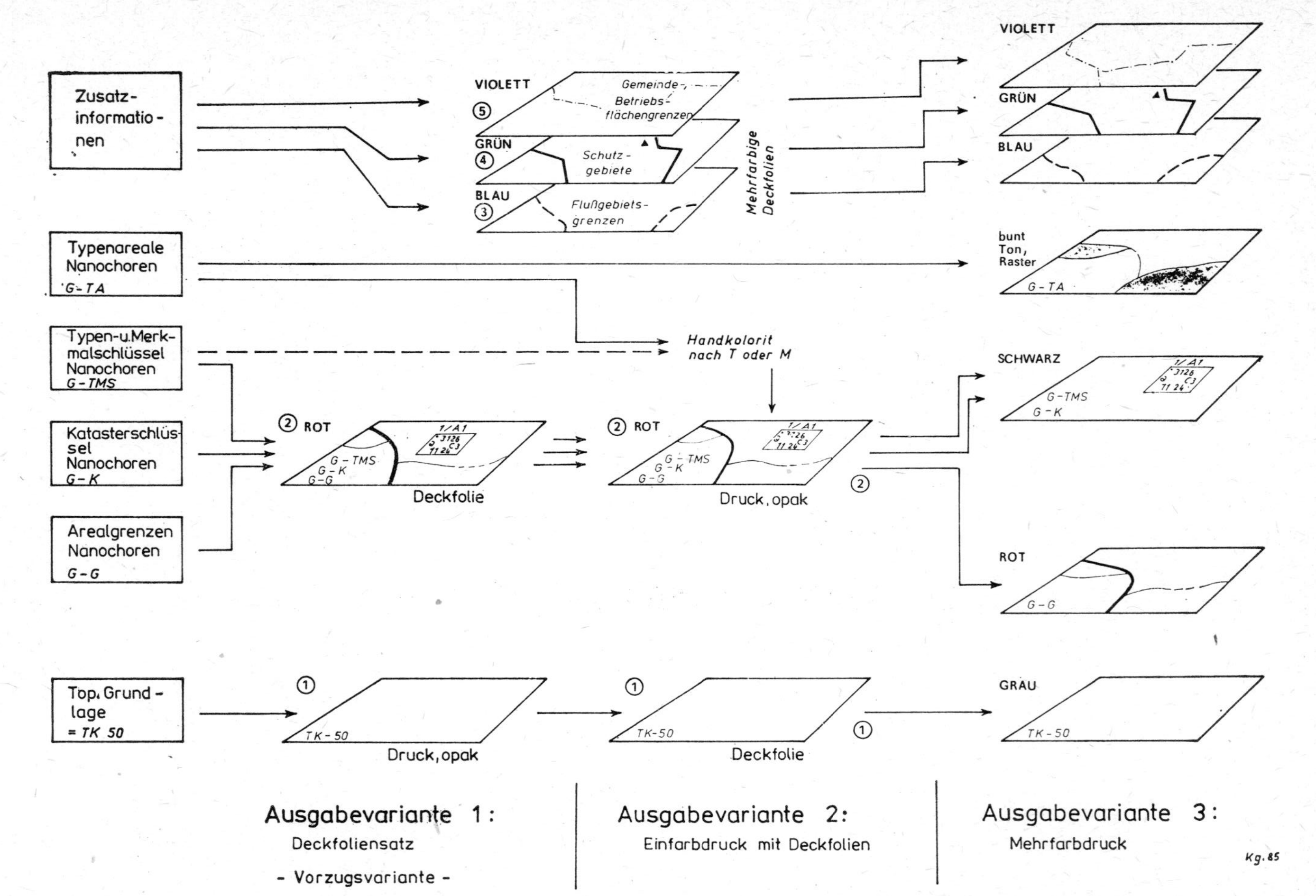

Abb. 3. Informationen und Ausgabevarianten der Naturraumtypenkarte der DDR 1 : 50000 (Naturwissenschaftliche Basiskarte) Entwurf H. KUGLER

Bieler, Breitfeld u. a. 1985). Sie enthält vier Informationsschichten (G-Informationen):

G—G	Naturraumgrenzen
G—K	Naturraumkataster-Schlüssel
G—TMS	Naturraumtypen- und Merkmalsschlüssel
G—TA	Typenareale mit Flächenfarbenkodierung

Als topographische Grundlagen werden die Topographischen Karten (Ausgabe für die Volkswirtschaft) 1 : 50000 bzw. 1 : 200000 mit ihren aufeinander abgestimmten Blattschnitten verwendet (vgl. Abb. 3).

Alle Ergänzungs- und Interpretationskarten, die auf der naturwissenschaftlichen Basiskarte aufbauen, werden unter Nutzung dieser vier Informationsschichten entwickelt, so daß stets eine zwanglose Zuordnung dieser Ergänzungs(E)- und Interpretations(I)-Informationen zu den Nano- bzw. Mikrogeochoren-Arealen möglich ist. Weiterhin wird damit gesichert, daß alle E- und I-Informationen dem Naturraumtypen-Kataster und einer digitalen Speicherung nach Naturraumeinheiten, Feldernetzen oder anderen Bezugsarealen zugeordnet werden können. Gerade die letztgenannten Möglichkeiten der Verknüpfung kartographisch und in Datenbanken gespeicherter Informationen erhalten bei neuartigen Auswerteanforderungen zunehmendes Gewicht.

Die vergleichbare Gestaltung der Naturraumtypenkarten in beiden Maßstabsbereichen, die Zweckmäßigkeit der variablen Informationskombination von Basis-, Ergänzungs- und Auswertekarten und schließlich die Bewältigung der Informationsfülle in der naturwissenschaftlichen Basiskarte selbst sollten dem Kartenwerk des „Projekt NTK“ eine breite Anwendung sichern können. Diese wird ebenso durch eine gute Kombination von Kartendarstellung und Dokumentation der Erkundungsergebnisse getragen. Für die naturwissenschaftliche Basiskarte sind deshalb drei Formen vorgesehen:

— Dokumentationsblatt (getrennt für Nano- und für Mikro-Geochoren),
— Katalog für Kartierungseinheiten,
— Kartenlegende.

Unter diesen erhält der Katalog der Kartierungseinheiten eine besondere Stellung, da er sowohl zur Dokumentation von Erkundungsergebnissen für einzelne Kartierungseinheiten als auch zur Erläuterung der Kartenlegende in Form eines Typenkataloges dienen kann (vgl. Abb. 4). Als eine außerordentlich umfangreiche, sehr detaillierte Variante eines Katalogs der Kartierungseinheiten wurde von Kopp (1985) ein „Legendenband zur Naturraumtypenkarte“ entwickelt, in dem bis zu 250 Informationen über einzelne Naturräume gespeichert werden.

4. Zur Auswertung und Interpretation von Naturraumkarten im mittleren Maßstab

Die Beziehungen zwischen dem Naturraum und seiner gesellschaftlichen, insbesondere volkswirtschaftlichen Nutzung sind außerordentlich vielfältig. Das ist einer der Hauptgründe dafür, daß die Überleitung von Ergebnissen der Naturraumerkundung in naturressourcen-orientierte Plan- und Projektentscheidungen noch unzureichend wissenschaftlich fundiert ist. Eine aus gesellschaftlicher (und volkswirtschaftlicher) Sicht präzise

Formulierung der Anforderungen an die Naturraumerkundung setzt die Klärung einer mehrteiligen, sachlogischen Kette von Zusammenhängen zwischen Naturausstattung bzw. Naturdargebot, dessen Potential- und Ressourcencharakter sowie Bedeutung als Risikofaktor bei der Nutzung und ihrer Beurteilung bzw. Bewertung im wirtschaftszweiglichen, volkswirtschaftlichen und/oder gesamtgesellschaftlichen Zusammenhang voraus. Von seiten der Planungs- und wirtschaftsleitenden Organe müssen Kriterien für die Nutzung des Naturraums vorgegeben werden, mit denen die gesamtgesellschaftliche Effektivität, wirtschaftszweigliche Teileffektivitäten oder zumindest Vorteilswirkungen bei bestimmten Technologien gemessen werden können (Graf 1984).

Aus solchen Relationen ergeben sich allerdings keinesweg alleinige oder zwingende Entscheidungen über künftige Naturnutzung oder die Zweckmäßigkeit einer bestehenden. Die sich aus der Eignung, Leistungsfähigkeit, Belastbarkeit oder Disponibilität von Naturdargeboten ableitende Nutzungspräferenz wird vielfach von anderen Entscheidungskriterien mehrfach überlagert oder unterbrochen. Dazu gehören in erster Linie Flächenbeanspruchungen, die im Zusammenhang mit der weiteren territorialen Arbeitsteilung und Kombination des gesellschaftlichen Reproduktionsprozesses entstehen, sowie Überlegungen, die von der Fondsökonomie der umfangreichen Grundmittel im infrastrukturellen Bereich, darunter auch der „landeskulturellen" Infrastruktur diktiert wird.

Daraus geht hervor, daß die gesellschaftlichen und/oder volkswirtschaftlichen Anforderungen an eine diagnostisch-prognostische Beurteilung von Naturräumen aus den normativen Zielformulierungen für die Effektivität der jeweiligen Nutzungsform bzw. — vor allem bei Analysen im chorischen Bereich — der jeweiligen gebietlichen Nutzungsstruktur abzuleiten sind. Die Effektivität der Flächennutzung als Ausdruck der gebietlich wirksamen Wechselbeziehungen Gesellschaft—Natur wird — zumindest theoretisch — von der Gesamtmenge der gesellschaftlichen Bedürfnisse bestimmt, die mit Hilfe der betreffenden Flächeneinheit befriedigt werden kann. Diese Gesamtmenge ist jedoch außerordentlich schwer zu erfassen, da die verschiedenartigen gesellschaftlichen Bedürfnisse und volkswirtschaftlichen Anforderungen nicht direkt (nicht nach einem einheitlichen Maßstab) verglichen werden können, der Grad der Mehrfachnutzung mit allen Folge-, Summen- und Nebeneffekten schwer zu bestimmen ist und für die einzelnen Nutzungsformen ein unterschiedlicher gesellschaftlicher Aufwand (Kosten) entsprechend der Leistungsfähigkeit, Belastbarkeit und Lagebeziehungen der einzelnen Nutzflächen anzusetzen ist. Dabei ist sicher, daß die (oft dominant hervortretenden) ökonomischen Kriterien sowohl durch soziale als auch in zunehmendem Maße durch ökologische Bewertungsmaßstäbe ergänzt werden müssen.

Kriterien für die Beurteilung der Anforderungen an die gegenwärtige und künftige gesellschaftliche Nutzung von Naturräumen liegen deshalb nur für Teilbereiche (einzelne Wirtschaftszweige, begrenzte technologische Linien u. a.) vor. Das erschwert eine zielgerichtete Interpretation von Ergebnissen der Naturraumerkundung, die die Wechselwirkungen des Naturraums als Ganzes mit den unterschiedlichen gesellschaftlichen Nutzungszielen ihrer diagnostisch-prognostischen Analyse zugrunde legen will. Durch die Geowissenschaften und verwandte technische Disziplinen wurde in den letzten Jahren versucht, einige dieser Ansätze zur Bestimmung der gesellschaftlichen Anforderungen an den Naturraum etwas zu verdeutlichen:

- Kennzeichnung des landeskulturellen Zustandes des Territoriums, ausgehend von der gesellschaftlichen Naturnutzung und ihren Konsequenzen (Richter und Kugler 1972; Richter 1979)
- Verbindung von Struktur-, Funktions- und Interferenzanalyse der Landschaft (Neef 1972, 1979) sowie Mehr-Schritte-Analyse der ökonomischen und außerökonomischen Bewertung

von Wechselwirkungen zwischen Gesellschaft und Natur (HAASE, HÖNSCH und GRAF 1983; HAASE, GRAF, HÖNSCH und HERMANN 1984)
- Ableitung und Interpretation von Naturraumpotentialen als Grundlage einer Einschätzung der Ressourcenstruktur des Territoriums (HAASE 1978; GRAF 1980; MANNSFELD 1983; JÄGER, MANNSFELD und HAASE 1980)
- Ableitung und Interpretation von Risikofaktoren bei der Naturnutzung als Grundlage einer Einschätzung von Nutzungsunverträglichkeiten im Territorium (SCHNEIDER 1981; DOLLINGER 1984)
- Bestimmung von Stabilität, Belastbarkeit und Tragfähigkeit von Naturräumen als Teilen der intensiv genutzten Landschaft (STÖCKER 1974; NEUMEISTER 1979, 1984; SCHLÜTER 1981)
- Verfahren zur Überleitung naturräumlicher Erkundungen in die Planung, Produktionsvorbereitung und Kontrolle in Wirtschaftszweigen, wie der Land- und Forstwirtschaft, Teilbereichen der Wasserwirtschaft u. a. (SCHMIDT 1984a; LIEBEROTH u. a. 1983; THIERE u. a. 1983; KOPP 1984; SCHWANECKE 1985; KOPP, JÄGER und SUCCOW 1982; SUCCOW und KOPP 1985; BARSCH und SCHRADER 1983; SPENGLER 1973 u. a.)
- Verfahren zur polyfunktionalen Bewertung von Leistung, Eignung und Belastbarkeit von Naturräumen nach einem Optimalitätsansatz (NIEMANN 1977, 1982; REUTER 1981).

Aus diesen Untersuchungen geht hervor, daß bei der Gegenüberstellung von gesellschaftlichen Anforderungen bzw. volkswirtschaftlichen Nutzungszielen und Naturraumausstattung bzw. Naturdargebot grundsätzlich von zwei Positionen ausgegangen werden kann: Bei der naturräumlichen Betrachtungsweise der Ressourcenproblematik der Gesellschaft stehen Gesichtspunkte des Leistungsvermögens des Naturraums in bezug auf die Anforderungen, seine Grenzbedingungen (Belastbarkeit, Verfügbarkeit) und Risikofaktoren sowie — daraus abgeleitet — seine Nutzungseignung im Mittelpunkt. Die reproduktionsräumliche Betrachtungsweise geht hingegen von den aktuellen (und z. T. auch von beabsichtigten) Nutzungsformen der Landschaft aus und schätzt unter diesen Bedingungen die Leistungen sowie Unverträglichkeiten der Naturausstattung und des natürlichen Prozeßgeschehens ein. Voraussetzung dafür ist eine Flächennutzungsanalyse in gleichem Detaillierungsgrad wie die Naturraumanalyse.

Die Interpretation von naturwissenschaftlichen Basiskarten des „Projekt NTK" berücksichtigt insbesondere den erstgenannten Ansatz und sucht nach einer den gesellschaftlichen Anforderungen gerecht werdenden Beurteilung der ökologischen Kriterien sowie deren Verbindung mit den ökonomischen und sozialen Bewertungsmaßstäben. Im Sinne von GRAF (1984) kann das als Bestimmung des „Gebrauchswertes diskreter natürlicher Raumeinheiten" bezeichnet werden. Darüber hinaus eignet sich die Naturraumerkundung ebenso als Grundlage für Interpretationen nach dem reproduktionsräumlichen Ansatz. Eine scharfe Trennung zwischen beiden Ansätzen ist ohnehin nicht möglich und nicht zweckmäßig.

Von diesen Überlegungen ausgehend orientieren sich die Auswertungen und Interpretationen von Beispielen der Naturraumtypenkarte im mittleren Maßstabsbereich auf folgende Schwerpunkte:

(1) Kennzeichnung der chorischen Naturräume nach ihrer Leistungsfähigkeit, ihrer Anfälligkeit gegenüber Naturrisiken und ihrer generellen Nutzungseignung für unterschiedliche Anforderungen der einzelnen Landnutzungszweige und anderer gesellschaftlicher Bereiche.

(2) Kennzeichnung der chorischen Naturräume nach ihrer Funktionstüchtigkeit (Funktionsleistungsgrade) und ihrer Reaktionsbereitschaft gegenüber anthropogenen Belastungen und technischen Eingriffen, stets bezogen auf konkrete Anforderungskriterien.
(3) Beurteilung der Leistungsmöglichkeiten und Reaktionsweisen von chorischen Naturräumen unter den Bedingungen der Mehrfachfunktion und Mehrfachnutzung (territoriale, „überzweigliche" Einschätzung der Nutzungsstrukturen, ihrer Veränderung und Steuerung).

Im folgenden wird aus einer größeren Anzahl von Untersuchungen für jede Gruppe ein Beispiel knapp dargestellt.

Zunächst muß noch auf ein generelles methodisches Problem kurz hingewiesen werden. Die Interpretation von naturwissenschaftlichen Basiskarten hat gezeigt, daß für verschiedene gesellschaftliche Anforderungen und deren Zielkriterien die in den Dokumentationen und Karten erfaßten und beschriebenen Naturraummerkmale nicht in jedem Falle unmittelbar als Kriterien für die Beurteilung, Bewertung, Projektbearbeitung oder als Parameter für Entscheidungsvorbereitungen benutzt werden können. Als Zwischenschritt bei den Interpretationen ist deshalb die Ableitung und Aufbereitung von sogenannten Überleitmerkmalen zweckmäßig bzw. notwendig. Sie ergeben sich zum größten Teil aus den naturwissenschaftlichen Basiskarten und deren Dokumentationen; zu einem kleinen Teil müssen auch spezifische Ergänzungsmaterialien und -karten dafür herangezogen werden. Instruktive Beispiele dafür sind u. a. bei Kopp (1984), Kopp, Jäger und Succow (1982), Mannsfeld (1983), Barsch und Schrader (1983), Knothe und Schrader (1984) dargestellt.

Beispiel 1: Bestimmung des forstlichen Ertragspotentials
(Kopp 1985; Schwanecke 1985)

Entsprechend den ausführlichen Darlegungen über die Methodik der Ableitung des forstlichen Ertragspotentials aus Naturraumerkundungen in Kopp, Jäger und Succow (1982) werden zwei Kartenserien im Maßstab 1 : 100000 entwickelt, die folgende Inhalte darstellen:

1. Forstökologische Zweckgruppierung der chorischen Naturraumareale nach
   — Stamm-Standortsgruppen („Stamm"-Eigenschaften sind alle anthropogen-technogen wenig oder nicht beeinflußten Naturraummerkmale),
   — Zustands-Standortgruppen (den aktuellen ökologischen Bedingungen entsprechende Merkmale),
   — Stufen der Abweichung der Zustands- von der Stamm-Standortsgruppe;
2. Fruchtbarkeitsziffern (als Gesamtausdruck des Ertragspotentials) mit Darstellung von
   — Ziffern der Stamm-Fruchtbarkeit,
   — Ziffern der Zustands-Fruchtbarkeit,
   — Ziffernabweichung zwischen Zustands- und Stamm-Fruchtbarkeit.

Für jedes Merkmal werden — als übergreifende Kennzeichnung — ein flächengewogenes Mittel und der geosynergetisch-ökologische Kontrast sowie die Ausstattung an topischen Standortsformen (nach Stamm- oder Zustands-Standortgruppen) für die Forstflächen in den Dokumentationen zu diesen Karten nachgewiesen.

Aus den Unterschieden zwischen Stamm- und Zustands-Standortgruppen lassen sich für jede Kartierungseinheit die Degradation oder die Aggradation der Ertragsleistungen ableiten. Aus-

Tabelle 1. Merkmale aus der Dokumentation der naturwissenschaftlichen Basiskarte in der Variante der Forstlichen Standorterkundung und deren Verwendung als Überleitmerkmale zur Kennzeichnung der Ertrags- und Nutzungseigenschaften von Forstflächen (aus: D. Kopp 1984, 1985)

Merkmal der Basiskarte	Bemessung	als Überleitmerkmal Aussagemöglichkeit für
Körnung (nach Schichtkörpern)	Körnungsklassenanteile	Einsatz der Technik, Einsatz von Wachstumsregulatoren, dazu Versorgung der Pflanze mit Nährstoffen, Wasser, Luft, Wärme
Humusvorrat der Bodendecke	t/ha	Einsatz der Technik, mittelbar für Fruchtbarkeitseigenschaften (Umsatzvermögen von Nährstoffen, Wasser, Düngestoffen)
Sorptionsvermögen der Bodendecke	kval/ha	Versorgungsvermögen mit Nährstoffen, Wasser, Luft und deren Meliorierbarkeit; mittelbar: Speicher- und Puffervermögen
Azidität und Sättigung des Bodens	pH, V% nach Schichtkörpern	Nährstoffversorgung und Meliorierbarkeit, Schaderreger-Anfälligkeit (Pilze), Unkrautbesatz; mittelbar: Einsatz von Wachstumsregulatoren
Nährstoffvorrat in der Bodendecke	dt/ha	Versorgungsvermögen mit Nährstoffen und Meliorierbarkeit, Unkrautbesatz; mittelbar: Einsatz von Wachstumsregulatoren
Wasservorrat der Bodendecke bei Frühjahrsfeuchte	mm Wassersäule	Wasserversorgung, Grund- und Stauwasser-Meliorierbarkeit, Einsatz der Technik, Nährstoffversorgung
Humuszustand	Humusformen mit Flächenanteilen	Degradations- und Regradationsstadien, Belastung durch Fremdstoffe, Puffervermögen

sagen zu Fruchtbarkeitskennziffern für die forstlich nutzbare Dendromasse in dt/ha sowie auch für die oberirdische Phytomasse erlauben eine zusammenfassende Fruchtbarkeitskennzeichnung und werden der geplanten Fruchtbarkeitskontrolle der Forstlichen Nutzflächen (FNF) zugrunde liegen.

Aus diesen Interpretationskarten geht hervor, welche Teile der FNF bei der Intensivierung der Rohholzerzeugung infolge ihrer höheren Fruchbarkeitseigenschaften mit Vorrang behandelt werden sollten. Weitere Interpretationstabellen zur Optimierung der Baumartenverteilung nach den Eigenschaften der Naturräume untersetzen diese Aussagen.

Das biotische Ertragspotential der gesamten Landschaft könnte durch Vergleich der Stamm-Fruchtbarkeitsziffer der Waldflächen mit dem landwirtschaftlichen Naturalertrag in GE eingeschätzt werden. Damit würde eine wichtige Grundlage für eine Optimierung der Wald-Feld-Verteilung und andere landeskulturelle Maßnahmen gegeben werden können.

Beispiel 2: Bestimmung von Eigenschaften des naturräumlichen Rekreationspotentials (Hartsch 1985)

Das steigende Bedürfnis nach Freizeitaufenthalt in geeigneten Landschaften bei vielfältigen landschaftsbezogenen Freizeitaktivitäten erhöht die Anforderungen an den Naturraum als Bereich für physische und psychische Erholung.

Die Beurteilung dieser Potentialeigenschaft ist mit Hife der Naturraumtypenkartierung prinzipiell gut möglich, wenn sie auch durch die Einbeziehung einer Reihe von Ergänzungsmaterialien

Tabelle 2. Eignungsbewertung der Naturraumausstattung von Geochoren für die Naherholung (allgemeiner Arbeitsablauf) (aus: I. HARTSCH 1985)

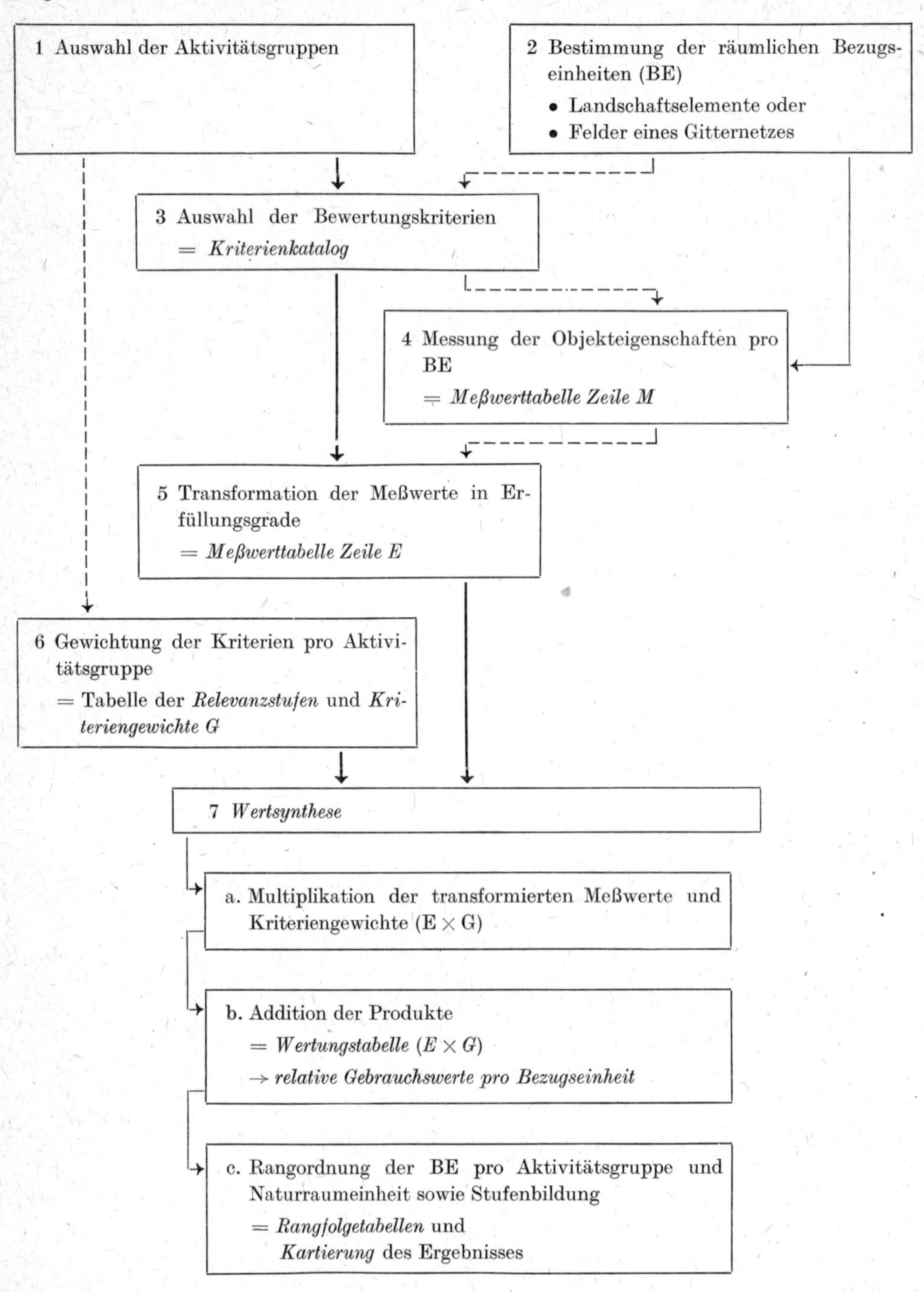

zur NTK getragen werden muß, da eine Reihe von spezifisch erholungswirksamen Naturraummerkmalen nicht primär erfaßt werden und über „Überleitungsmerkmale" nur bedingt ermittelt werden können. Die wichtigsten davon sind:

- Angaben zur Feingliederung der Nutzflächen, welche für die „Gestaltqualität" der Landschaft ebenso bedeutsam sind wie für die human-biometeorologischen Wirkungskomplexe (Strahlungsschutz, Windschutz),
- mensurmäßige Angaben zu den Waldflächen (Waldrandlängen, Holzartenkombination, Altersaufbau, Wegedichte u. a.),
- spezifische erholungsbezogene Charakteristik der Wasserläufe und Gewässerflächen.

Es kann angenommen werden, daß bei Vorliegen einer ziemlich vollständigen Dokumentation der Naturraummerkmale auf der Ebene von Nanogeochoren etwa 75—80% der für die Potentialeinschätzung benötigten Ausgangsdaten durch die NTK zur Verfügung gestellt werden.

Das Bewertungsverfahren ist eng an die von Niemann (1982) entwickelte Methodik angelehnt und bezieht sich auf fünf Erholungsaktivitäten: bewegungs- und wahrnehmungsbetonte Sommererholung (Wandern, Spazierengehen), ruhebetonte Sommererholung (Lagern, Sonnen, Spielen), bewegungs- und ruhebetonte Erholung am Wasser sowie als Wintererholung das allgemeine Wandern und Spazierengehen und die Wintersportarten. Dafür wird ein Bewertungsalgorithmus vorgelegt, mit dem auf Bezirks- und Kreisebene Planungen und (Grob-) Projektierungen für gezielte Investitionen zur Entwicklung der Infrastruktur mit einem hohen Wirkungsgrad eingeleitet werden können.

Beispiel 3: Ausgrenzung unwettergefährdeter Gebiete im Bezirk Dresden (Bernhardt und Mannsfeld 1985)

Die Intensivierung der Landnutzung und die Sicherung und erweiterte Reproduktion der Naturressourcen erfordern zugleich einen aktiven Schutz der Naturdargebote sowie die Minimierung aller Risikofaktoren. Ein Ausdruck dessen ist die „Anordnung über die effektive Nutzung der Hänge und Täler in unwettergefährdeten Gebieten im Mittelgebirge und Hügelland" vom 15. 3. 1983. Unwettergefährdete Gebiete in diesem Sinne (§ 2) sind „Hänge und Täler ..., in denen bei Starkniederschlägen oder bei Schneeschmelze in kurzer Zeit starke oberirdische Abflüsse eintreten können, die zu Schäden ... und volkswirtschaftlichen Verlusten ... führen". Die AO verpflichtet die Räte der Bezirke zur Ausarbeitung von Maßnahmeplänen, mit denen derartige Schadwirkungen verhindert werden können. Diese sind auf gründlichen Analysen der naturwissenschaftlich-technischen Wirkungsbeziehungen aufzubauen.

Im Bezirk Dresden wurden dafür die mittelmaßstäbigen Naturraumkartierungen herangezogen. Als Einflußvariable für die Bewertung standen zur Verfügung: Substrataufbau und Substratschichtung, Hangneigung, klimatische Lagebesonderheiten (Starkregen- und Gewitterhäufigkeit, Luvlage), Reliefgliederung, Flächennutzungsformen. Nach einem speziellen Verknüpfungsschema wurden fünf Hauptgruppen für Unwettergefährdung ausgewiesen und auf einer Karte der Mikrogeochoren 1 : 200000 dargestellt. Die Interpretation bezieht sich dabei nicht nur auf die möglichen schadverursachenden Vorgänge, sondern schließt auch Aussagen über zu erwartende Folgeerscheinungen ein.

Das Ergebnis diente dem Bezirkstag Dresden als Grundlage eines Beschlusses, der die Räte der Kreise zur Ausarbeitung der in der o. g. Anordnung geforderten Maßnahmepläne anleitet.

Beispiel 4: Ermittlung von Störeinflüssen und Risikofaktoren im Intensivobstbau (Bernhardt 1985; Barsch, Knothe, Brunner 1985)

Die in hohem Grade spezialisierten Nutzungsarten mit entsprechend hohen Installations- und Unterhaltungskosten, wie der Intensivobstbau, sind in außerordentlichem Maße von naturräumlichen Störgrößen oder auch von durch das Produktionssystem selbst induzierten, negativen Natur-

Tabelle 3

I. Geophysikalische Vorgänge und Ereignisse

ausgelöst/intensiviert durch Intensivobstbau:

a. fehlende Bodenbearbeitung während Rotationsperiode (etwa 15 Jahre)
- Oberflächenverdichtung unter den Baumreihen (Herbizid-Einsatz mit sekundär aufkommenden Moos-Polstern = hoher Benetzungswiderstand)
- Radspurenverdichtungen auf Grasstreifen zwischen den Baumreihen bis 3/5 dm u. Flur
- extreme Verdichtungen auf Angewenden und Schlag-Fahrwegen

b. Dezimierung des Regenwurmbesatzes durch Cu-haltige Sprühmittel

c. Baumreihenrichtung:
im Hanggefälle > isohypsenparallel

Differenzierung des Oberflächenabflusses durch Naturfaktoren:

- Substrat:
LöD > LöL/Vt > Vp > Vm > Vs
- Bodentyp/-form:
öU > öF > öP > öB + B > öI
- Profilkappungen durch Bodenerosion:
Krume im B_tC im > B_t
- Niederschlagsprovinz:
700 mm/a > ... > 500 mm/a
- Hangneigung:
über 12° > .... > 3–1°

→ **erhöhter Oberflächenabschluß**

Reduzierung des Bodenwassers und der *Grundwasserbildung*

Aktivierung chemischer Substanzen durch *Abspülung* von *Dünger* sowie *PSM* und Metabolite
- Düngerverluste
- Kontamination von im Sediment stehendem Obst (NO_3/PSM)
- kontaminierte und eutrophierte Sedimentschürzen
- Eutrophierungs- u. Kontaminationsstöße im Vorfluter

Aktivierung der *Bodenerosion*
- Schädigung bes. jüngerer Pflanzen in Abflußbahnen durch Ausspülung
- Erosionsrisse
- Mikroterrassenbildung bei isohypsenparallelen Baumreihen
- Suffosionserscheinungen
- Auftreten neuer Abflußbahnen
- Auskolkungen bes. an Plantagenrändern u. Rißbildungen im Vorgelände

Aktivierung der *Bodensedimentation*
- Baumreihen bis zum Astwerk im Sediment
- Versatz von Drahtzäunen am Plantagenrand (u. U. Zaunrisse u. Schlamm-Muren)
- Sedimentfächer im Vorgelände (Dellen/Auen), incl. Straßen, Gärten/Siedlungen, bes. bei neuen Abflußbahnen
- erhöhte Schweblast der Vorfluter u. entsprechende Sedimentation in Auen u. Flußbetten

Tabelle 3 (Fortsetzung)

II. Geochemische Vorgänge und Ereignisse

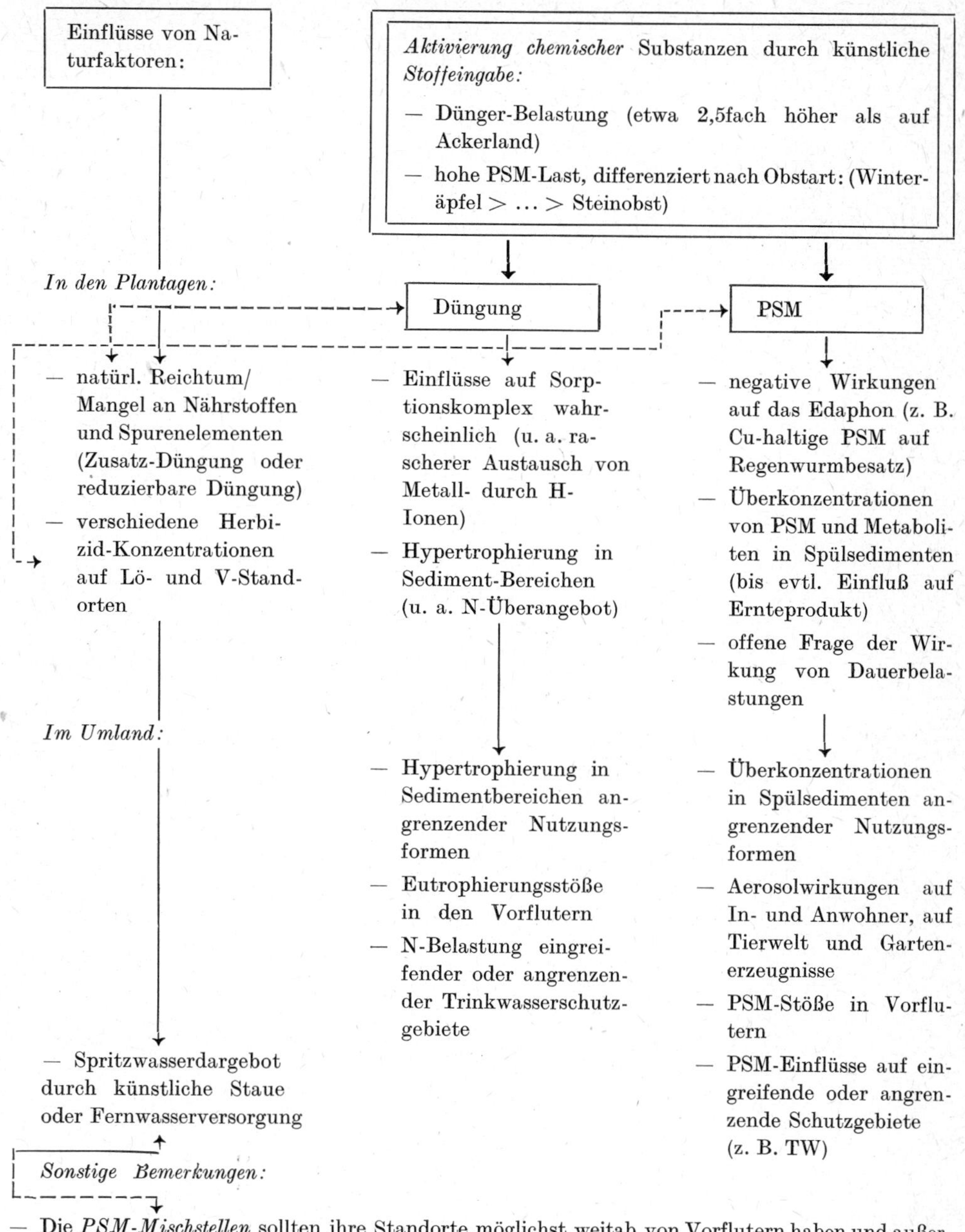

— Die *PSM-Mischstellen* sollten ihre Standorte möglichst weitab von Vorflutern haben und außerhalb von Siedlungen liegen (= minimales Kontaminations-Risiko): Wasserscheiden-Standorte mit Wasserzuleitung vom Wasserspeicher

— Für anfallende *PSM-Rückstände* (überlagerte Reserve-Chargen, Rest-Spritzbrühen, Reinigungs-Rückstände) muß eine schadfreie Vernichtung in angemessener Entfernung garantiert sein.

haushaltsänderungen beeinflußt. Diese haben ein besonders hohes ökonomisches Gewicht. Eine möglichst frühzeitige Ausweisung von derartigen Störgrößen, Veränderungen und Risikofaktoren ist die Voraussetzung für rechtzeitige Korrekturen und Anpassung in der Bestandesführung.

In Beispielen aus dem Hügelland konnten aus der NTK nahezu alle natürlichen oder natürlich-technischen Störprozesse und Risikofaktoren abgeleitet werden. Zusatzmerkmale wurden vor allem bei der klimatisch-meteorologischen Kennzeichnung (Frostgefährdung, Windstärke, Gewitterzugbahnen) sowie für die Einschätzung aktivierter bzw. völlig neuartiger Prozeßabläufe (Verdichtung, Verschlämmung, selektiver Unkrautbesatz) benötigt. Im Havelländischen Obstbaugebiet spielt insbesondere die Frostgefährdung (Strahlungs- und Advektivfrost) in den und

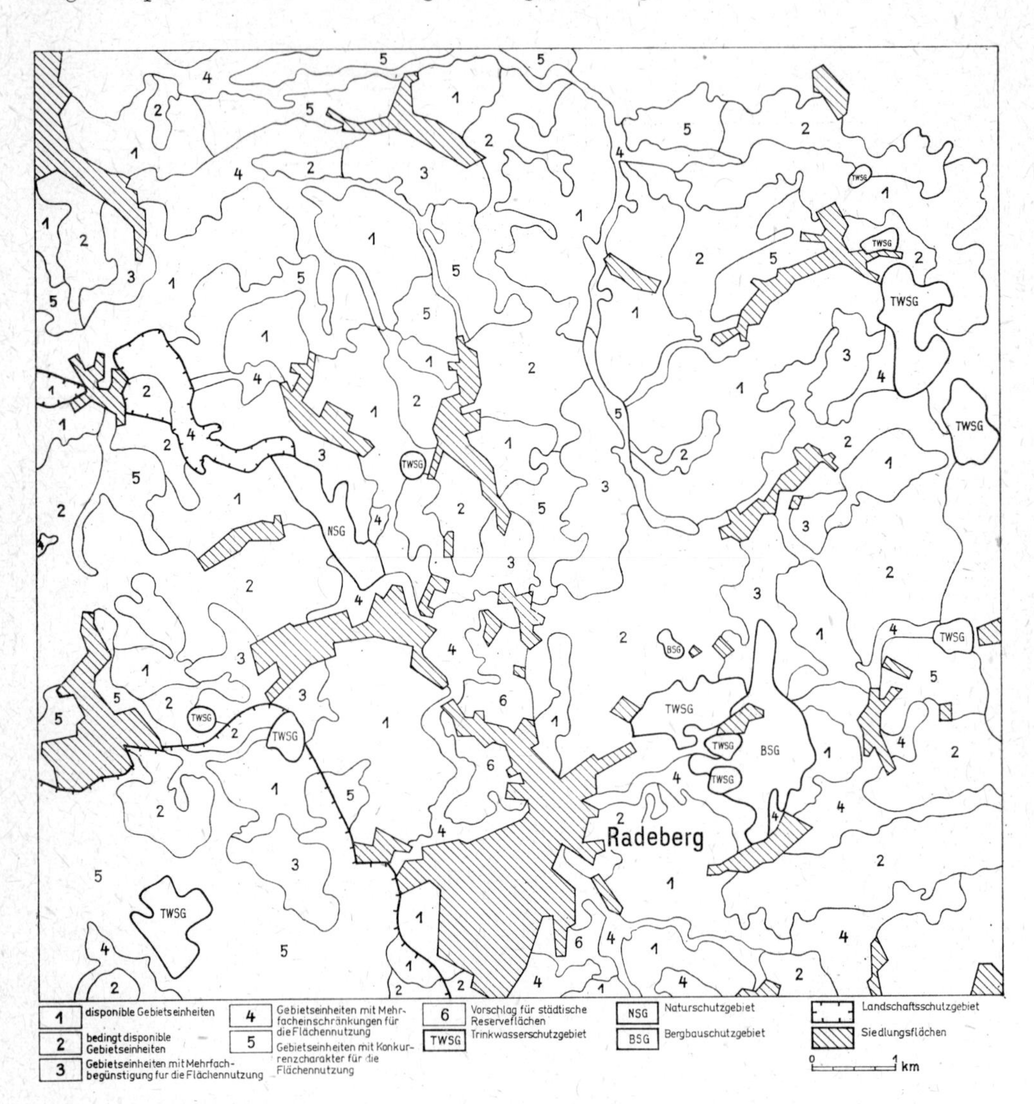

Abb. 7. Planungsbezogene Gebietseinheiten, abgeleitet aus dem Vergleich mehrerer partieller Naturraumpotentiale und daraus ermittelter spezifischer Leistungs-, Eignungs- und Belastbarkeitsmerkmale (Ausschnitt)
Entwurf: K. Mannsfeld, Kartographie: J. Bieler

am Rand der Niederungen eine Rolle. Daneben treten verstärkt Bodenerosion, Vernässungen und Verunkrautungen auf. Sie führen zu erheblichen ökonomischen Verlusten, ihre rechtzeitige Abwendung selbstverständlich zu indirektem ökonomischen Gewinn. Die Zusatzmerkmale wurden über lokalklimatische Untersuchungen sowie durch geomorphologische Sonderanalysen ermittelt.

Die Ergebnisse dienen zur Verbesserung der Obstbauprojektierung und zur operativen Beseitigung von Störquellen und Risikofaktoren.

Beispiel 5: Zusammenführung von Interpretationen zu partiellen Naturpotentialen in einem landschaftsdiagnostisch orientierten Potentialvergleich (MANNSFELD 1983)

Ausgangsmaterial für einen Versuch, die Wechselwirkungen zwischen gesellschaftlich/volkswirtschaftlichen Anforderungen und der Leistungsfähigkeit und Reaktionsweise des Naturraums unter bestimmten Nutzungsformen einer möglichst komplexen Betrachtung und Bewertung zu unterziehen, sind Analysen zu mehreren partiellen Naturraumpotentialen sowie zur Flächennutzungs- und Territorialstruktur des Beispielsgebietes. In die Untersuchungen wurden das biotische Ertragspotential, das Wasserpotential (Grundwasserneubildung), das Entsorgungspotential (Reaktion auf Gülleausbringung) und das Bebauungspotential einbezogen (MANNSFELD 1983).

Aus der Analyse wird eine Funktionsgliederung des Untersuchungsgebietes abgeleitet, in die sowohl die Merkmale der aktuellen Flächennutzung als auch der potentialspezifisch bewerteten Naturausstattung eingehen. Diese Gebietstypen haben stark integrativ-synthetischen Charakter und können als Grundeinheiten für die territoriale Planung und die territoriale Entwicklung der Volkswirtschaft in diesem Gebiet dienen.

Über eine Simulation von Nutzungsimpulsen oder durch tatsächlich beabsichtigte oder in der Prognose mögliche Vorhaben können aus den Interpretationsergebnissen Aussagen zu den Neben- und Folgewirkungen im Naturraum, z. T. vermittelt durch Flächennutzungsstrukturen (Nachbarschaftswirkungen, Funktions-Lage-Beziehungen, Mehrfachnutzungen, Beseitigung von Konfliktsituationen), gewonnen werden. Damit ist eine Grundlage für die Ausgrenzung von Flächen mit aktuell oder prognostisch konkurrierenden Nutzungen, von Vorzugseignungen, von Gebieten hoher (Mehrfachnutzungs-) Disponibilität, für Restriktionsbereiche und deren Nachbarschaftsbeziehungen u. a. gegeben.

5. Voraussichtlicher wissenschaftlicher und volkswirtschaftlicher Effekt der Ergebnisse

Die Durchführung einer umfassenden, komplexen Naturraumkartierung im mittleren Maßstab für das gesamte Staatsterritorium der DDR ermöglicht insbesondere

- eine grundlegende Inventur der naturräumlichen Bedingungen für den Ablauf und die weitere Intensivierung der volkswirtschaftlichen und gesellschaftlichen Reproduktionsprozesse;
- die Bereitstellung von Daten (Informationen) für volkswirtschaftliche, vor allem territoriale Planungsinstrumente, wie z. B. das bei den Büros für Territorialplanung geführte und weiter auszubauende Planungskataster, sowie für Planungs- und Projektierungsgrundlagen der (landnutzenden) Wirtschaftszweige, die für die Nutzung und Belastung von Naturressourcen verantwortlich sind;
- die Ausarbeitung vergleichbarer Unterlagen (Karten) über die Nutzungsstruktur des Territoriums (Struktur der Flächennutzung), wobei die naturräumlich-ökologisch-landeskulturellen Aspekte besonders hervorgehoben werden;
- die Bereitstellung und Weiterentwicklung von aufgabenbezogenen analytisch-prognostischen Einschätzungen der Wechselwirkungen zwischen Naturraum und

Nutzungsstruktur, womit zeitliche Folgewirkungen, kumulative Summenwirkungen und unbeabsichtigte Nebenwirkungen von aktuellen Nutzungsformen und von vorgesehenen Nutzungsumwidmungen gründlicher und objektiver vorausgesagt werden.

Von besonderem Vorteil erscheint die Möglichkeit, mit den Aussagen der Naturraumtypenkarte und der umfassenden Kennzeichnung ihrer Kartierungseinheiten nicht nur einzelne, mehr oder weniger isolierte Wirkungen, sondern die ganzheitliche, systembezogene Reaktion der Naturbedingungen der gesellschaftlichen Reproduktion auf gegenwärtige und zukünftige Nutzungen und Eingriffe in den Naturraum beurteilen zu können.

Lang- und mittelfristige Planungen und (Grob-) Projektierungen in den landnutzenden Wirtschaftszweigen bis zur Entsorgungswirtschaft können mit Hilfe der NTK-Aussagen objektiviert und mit deutlich geringerem Vorbereitungsaufwand ausgeführt werden. Das gilt ebenso für gebietliche Entwicklungskonzeptionen (wie territoriale Entwicklungskonzeptionen, Kreis-, Gemeindeverbands- oder LPG-Bereichskonzeptionen, Landschaftsrahmen- und -pflegepläne, Orts- und Flurgestaltungskonzeptionen u. v. a.), die unter aggregierter Nutzung von Informationen der Naturraumerkundung sowie zweckorientierter Analysen der Naturraum-Nutzungs-Beziehungen und ihrer Konsequenzen deutlich vertieft werden können. Beispiele dafür sind in den Interpretationsmaterialien zum „Projekt NTK“ enthalten (Haase u. a. 1985).

Der volkswirtschaftliche Nutzen solcher zusammenfassenden Informationsträger und Beurteilungsgrundlagen liegt deshalb vor allem in der weiteren Objektivierung der Entscheidungsfindung in der territorialen Planung und den landnutzenden Wirtschaftszweigen. Eine ökonomische Auswirkung ergibt sich auf zwei Ebenen:

- effektivere Gestaltung der Ressourcen- und Flächennutzung selbst durch die Gewinnung zusätzlicher stofflicher Komponenten, Ermittlung bisher wenig genutzter Naturprozesse, Sicherung der Nachhaltigkeit in der Nutzung regenerierfähiger Ressourcen, Vermeidung von Störeinflüssen auf die Ressourcen- und Flächennutzung u. a.,
- Rationalisierung des Entscheidungsprozesses, u. a. unter dem Gesichtspunkt der Ersparnis von Zeit und materiellen Aufwendungen (so z. B. bei projektbezogenen Neuerkundungen).

Die Nutzung von Planungs- und Projektierungsgrundlagen aus der Naturraumerkundung trägt der Verbindung von weiterer Intensivierung der Volkswirtschaft, Umweltschutz und Landeskultur Rechnung, wie sie der Wirtschaftspolitik der DDR insgesamt entspricht. Die Ergebnisse der Naturraumerkundung werden dabei nicht nur im Hinblick auf die Produktionsfunktionen als den ökonomischen Haupt- und Vorrangfunktionen ausgewertet, sondern es werden diese ebenso den produktionsbeeinflussenden bzw. -sichernden Funktionen sowie human-ökologischen und ethisch-ästhetischen Wirkungen zugeordnet und gemeinsam bewertet. Dieses Prinzip der Polyfunktionalität trägt zu einer Verbesserung der Anforderungs-Ergebnis-Relationen in der Bedarfsbefriedigung und damit zum Aufbau eines Systems volkswirtschaftlicher Effektivitätskriterien unmittelbar bei.

Für die Überlassung von Abbildungen danke ich Prof. Dr. H. Kugler, Halle, sowie Dr. A. Bernhardt, Dr. K. Mannsfeld und Dr. I. Hartsch, alle Dresden.

Literatur

BARSCH, H. und F. SCHRADER: Ressourcen- und effektorientierte Ansätze zur Landschaftsdiagnose und -prognose im Havelländischen Obstbaugebiet. Petermanns Geogr. Mitteilungen, **128** (1984) 1.

BERNHARDT, A.: Beispielskartierung Dresden. Teil 4: Interpretationsmaterial „Obstbauliche Nutzungsform". F/E-Bericht „Projekt NTK", Anlage 12, Sächs. AdW zu Leipzig, AG Dresden, 1985 (unveröff. Mskr.).

BRUNNER, H. und H.-J. LÖBCKE: Beispielskartierung Potsdam/Brandenburg. Teil 5: „Ergänzungskarte Typen der Frostgefährdung". F/E-Bericht „Projekt NTK", Anlage 17, Pädagog. Hochschule Potsdam, 1985 (unveröff. Mskr.).

Direktive des X. Parteitages der SED zum Fünfjahrplan für die Entwicklung der Volkswirtschaft der DDR in den Jahren 1981–1985. In: Dokumente des X. Parteitages der SED, Berlin 1981.

DOLLINGER, F.: Zur Quantifizierung des Naturraumrisikos. Diss. Univ. Salzburg, 1984.

GRAF, D.: Naturpotentiale und Naturressourcen. Bemerkungen aus ökonomischer Sicht. Petermanns Geogr. Mitteilungen, **124** (1980) 1.

GRAF, D.: Zur Anwendung ökonomischer Kriterien bei der Auswahl von Varianten der Flächennutzung. Nutzung und Veränderung der Natur. Wiss. Abh. d. Geogr. Gesellschaft d. DDR, Bd. 15, Gotha 1981.

GRAF, D.: Ökonomie und Ökologie der Naturnutzung. Fischer Verlag Jena, 1983.

GRAF, D.: Landschaftsforschung und Effektivität der Flächennutzung. In: Umweltforschung – Zur Analyse und Diagnose der Landschaft. Haack, Gotha, 1984.

HAASE, G.: Zur Methodik großmaßstäbiger landschaftsökologischer und naturräumlicher Erkundung. Wiss. Abh. d. Geogr. Gesellschaft d. DDR, Bd. 5, Leipzig 1967.

HAASE, G.: Inhalt und Methodik einer umfassenden landwirtschaftlichen Standortkartierung auf der Grundlage landschaftsökologischer Erkundung. Wiss. Veröff. d. Dt. Instituts f. Länderkunde, N. F., Bd. 25/26, Leipzig 1968.

HAASE, G.: Zur Ableitung und Kennzeichnung von Naturpotentialen. Petermanns Geogr. Mitteilungen, **122** (1978) 2.

HAASE, G.: Entwicklungstendenzen in der geotopologischen und geochorologischen Naturraumerkundung. Petermanns Geogr. Mitteilungen, **123** (1979) 1.

HAASE, G., H. HUBRICH, H. SCHLÜTER, K. MANNSFELD, H. KUGLER, H. RICHTER, R. DIEMANN, H. BARSCH, D. KNOTHE, D. KOPP, W. SCHWANECKE, R. SCHMIDT, M. ALTERMANN und H. HURTTIG: Methodische Grundlagen und Kartierungsverfahren für eine Naturraumtypenkarte der DDR im mittleren Maßstab (1:50000/1:200000). Wissenschaftlicher Bericht. F/E-Bericht „Projekt NTK", Inst. f. Geographie und Geoökologie d. AdW, Leipzig 1985.

HAASE, G., H. BARSCH, D. KOPP, K. MANNSFELD, R. SCHMIDT, W. SCHWANECKE u. a.: Rahmenkatalog von Mikrochorentypen für die DDR (2. Fassung). F/E-Bericht „Projekt NTK", Anlage 7, Inst. f. Geographie u. Geoökologie d. AdW, Leipzig 1985 (unveröff. Mskr.).

HAASE, G., R. DIEMANN, K. MANNSFELD und H. SCHLÜTER: Richtlinie für die Bildung und Kennzeichnung der Kartierungseinheiten der „Naturraumtypen-Karte der DDR im mittleren Maßstab". Wiss. Mitteilungen, Sonderheft 3, Inst. f. Geographie u. Geoökologie d. AdW d. DDR, Leipzig 1985.

HAASE, G., D. GRAF, F. HÖNSCH und H. HERRMANN: Methodische Ansätze für die ökonomische und außerökonomische Bewertung der Einwirkung der Gesellschaft auf die natürliche Umwelt. Wiss. Mitteilungen, Nr. 13, Inst. f. Geographie u. Geoökologie d. AdW d. DDR, Leipzig 1984.

HAASE, G., F. HÖNSCH und D. GRAF: Zur Untersuchung und Bewertung komplexer Erscheinungen in der Territorialstruktur der gesellschaftlichen Reproduktion – dargestellt an Ergebnissen geographischer Arbeiten im Rahmen des RGW-Umweltprogramms. Zeitschr. f. d. Erdkundeunterricht, **35** (1983) 2/3.

Hartsch, I.: Beispielskartierung Dresden. Teil 3: Interpretationsmaterial „Analyse und Bewertung des naturräumlichen Rekreations-Potentials". F/E-Bericht „Projekt NTK", Anlage 12, Sächs. AdW zu Leipzig, AG Dresden, 1985 (unveröff. Mskr.).

Herz, K.: Einführung in die Landschaftsanalyse. Lehrmaterial z. Ausbildung von Diplomlehrern f. Geographie. PH Potsdam 1975.

Hubrich, H. und M. Thomas: Die Pedohydrotope der Einzugsgebiete von Döllnitz und Parthe. Beiträge zur Geographie, 29 (1978).

Jäger, K.-D., K. Mannsfeld und G. Haase: Bestimmung von partiellen und komplexen Potentialeigenschaften für chorische Naturraumeinheiten (Methodik, Beispielsuntersuchungen). F/E-Bericht „Naturraumpotentiale", Inst. f. Geographie u. Geoökologie d. AdW, Leipzig 1980 (unveröff. Mskr.).

Knothe, D. und F. Schrader: Zur Gestaltung von Naturraum- und Flächennutzungskarten im Rahmen einer ressourcenbezogenen Landschaftsbewertung. In: Fortschritte in der geographischen Kartographie. Wiss. Abh. Geogr. Gesellschaft d. DDR, Gotha 18 (1985).

Kopp, D.: Ergebnisse der Forstlichen Standortserkundung in der Deutschen Demokratischen Republik.
Band 1: Die Waldstandorte des Tieflandes.
1. Lieferung: Standortsformen. Potsdam 1969.
2. Lieferung: Standortsmosaike. Potsdam 1973.
VEB Forstprojektierung Potsdam.

Kopp, D.: Kartierung von Naturraumtypen auf der Grundlage der forstlichen Standortserkundung. Petermanns Geogr. Mitteilungen, **119** (1975) 2.

Kopp, D.: Zur forstlichen Auswertung der mittelmaßstäbigen Naturraumkarte. Sozialistische Forstwirtschaft, 12 (1984)

Kopp, D.: Beispielskartierung Eberswalde (1 : 100000), Anlage 19; Beispielskartierung Bezirk Frankfurt/Oder (1 : 100000), Anlage 22. F/E-Bericht „Projekt NTK", VEB Forstprojektierung Potsdam, AG Standortserkundung Eberswalde, 1985.

Kopp, D., K.-D. Jäger und M. Succow: Naturräumliche Grundlagen der Landnutzung, Akademie-Verlag Berlin 1982.

Kugler, H., J. Bickenbach, J. Bieler, K. Breitfeld, H. Brülke, C. Clauss, E. Sandner und E. Schröder: Kartographische Lösungsansätze und Gestaltungsvorschläge für das Projekt „Naturraumtypen-Karte der DDR im mittleren Maßstab". F/E-Bericht „Projekt NTK", Anlage 8, Sektion Geographie MLU Halle, 1985.

Lieberoth, I. u. a.: Auswertungsrichtlinie MMK Forschungszentrum f. Bodenfruchtbarkeit Müncheberg d. AdL, Eberswalde-Finow 1983.

Mannsfeld, K.: Landschaftsanalyse und Ableitung von Naturraumpotentialen. Abh. Sächs. AdW zu Leipzig, Math.-Nat. Klasse **55** (1983) 3.

Neef, E.: Die Interferenzanalyse als Grundlage territorialer Entscheidungen. Wiss. Abh. d. Geogr. Gesellschaft d. DDR, Leipzig **9** (1972).

Neef, E., A. Bernhardt, K.-D. Jäger und K. Mannsfeld: Analyse und Prognose von Nebenwirkungen gesellschaftlicher Aktivitäten im Naturraum. Abh. Sächs. AdW zu Leipzig, Math.-Nat. Klasse **54** (1979) 1.

Neumeister, H.: Zur Messung der „Leistung" des Geosystems – Forschungsansätze in der physisch-geographischen Prozeßforschung. Petermanns Geogr. Mitteilungen **123** (1979) 2.

Neumeister, H.: Zur Belastbarkeit und zur Kontrolle von Prozessen und Effekten in der genutzten Landschaft der DDR. Wiss. Mitteilungen Inst. f. Geographie u. Geoökologie d. AdW d. DDR, Leipzig, Nr. 11 (1984).

Niemann, E.: Eine Methode zur Erarbeitung der Funktionsleistungsgrade von Landschaftselementen. Arch. Naturschutz u. Landschaftsforschung **17** (1977) 2.

Niemann, E.: Methodik zur Bestimmung der Eignung, Leistung und Belastbarkeit von Landschaftselementen und Landschaftseinheiten. Wiss. Mitteilungen Inst. f. Geographie u. Geoökologie d. AdW d. DDR, Leipzig, Sonderheft 2 (1982).

REUTER, B.. Zur „Landschaftselement-Konzeption“ und ihrer Bedeutung bei geographischen Problemen der Landschaftspflege. In: Nutzung und Veränderung der Natur. Wiss. Abh. d. Geogr. Gesellschaft d. DDR, Bd. 15, Gotha (1981).

RICHTER, H.: Geographische Aspekte der sozialistischen Landeskultur. Studienbücherei Geographie für Lehrer, Bd. 17, Gotha (1979).

RICHTER, H.: Naturräumliche Stockwerkgliederung. In: Potsdamer Forschungen. Wiss. Schriftenreihe Pädag. Hochsch. Potsdam, Reihe B, 15 (1980).

RICHTER, H. und H. KUGLER: Landeskultur und landeskultureller Zustand des Territoriums. Wiss. Abh. Geogr. Gesellschaft d. DDR, Bd. 9, Leipzig 1972.

SASSE, P.: Bemerkungen zum Stand der „Flächennutzungsplanung“ von Gebieten. Wiss. Mitteilungen Inst. f. Geographie u. Geoökologie d. AdW d. DDR, Leipzig, Nr. 11 (1984).

SASSE, P.: Zum Einsatz von Karten in der Territorialplanung der DDR. In: Fortschritte in der geographischen Kartographie, Wiss. Ab. Geogr. Gesellschaft d. DDR, Bd. 18, Gotha 1985.

SCHLÜTER, H.: Zur Bedeutung synanthroper Vegetationstypen für die Landschaftsforschung. In: Nutzung und Veränderung der Natur. Wiss. Abh. Geogr. Gesellschaft d. DDR, Bd. 15, Gotha 1981.

SCHLÜTER, H.: Kartographische Darstellung und Interpretation des Natürlichkeitsgrades der Vegetation in verschiedenen Maßstabsbereichen. In: Fortschritte in der geographischen Kartographie, Wiss. Abh. Geogr. Gesellschaft d. DDR, Bd. 18, Gotha 1985.

SCHMIDT, R.: Naturraumcharakteristik und Ertragspotential. In: Petermanns Geogr. Mitteilungen **128** (1984a) 3.

SCHMIDT, R.: Zum Vergleich chorischer Naturraumeinheiten im pleistozänen Tiefland und im Mittelgebirgsvorland der DDR. In: Umweltforschung — Zur Analyse und Diagnose der Landschaft. Gotha 1984 (b).

SCHNEIDER, R.: Natürliche Störprozesse im Territorium. In: Nutzung und Veränderung der Natur. Wiss. Abh. d. Geogr. Gesellschaft d. DDR, Bd. 15, Gotha 1981.

SCHWANECKE, W.: Die standörtlichen Grundlagen für die Fichtenwirtschaft im Mittelgebirge/Hügelland der DDR. In: BLANCKMEISTER, J. und HENGST, E.: Die Fichte im Mittelgebirge. Radebeul 1971.

SCHWANECKE, W.: Anleitung für die Erfassung forstlicher Mosaiktypen im Mittelgebirge/Hügelland der DDR nach einer Rahmenlegende als Grundlage für die Kartierung und Kennzeichnung mikrochorischer Naturraumtypen. VEB Forstprojektierung Potsdam, AG Standortserkundung Mittelgebirge/Hügelland Weimar, 1980 (unveröff. Mskr.).

SPENGLER, R.: Beiträge zur Ermittlung der Grundwasserneubildung und des Grundwasserdargebotes im Lockergesteinsbereich, dargestellt am Parthegebiet. Diss. Univ. Halle—Wittenberg, 1973.

STÖCKER, G.: Ökosystem — Begriff und Konzeption. Archiv f. Naturschutz u. Landschaftsforschung **19** (1979) 3.

SUCCOW, M. und D. KOPP: Seen als Naturraumtypen. Petermanns Geogr. Mitteilungen **129** (1985) 3.

THIERE, J. u. a.: Richtlinie zur standortskundlichen Kennzeichnung von Acker- und Graslandschlägen. Forschungszentrum f. Bodenfruchtbarkeit Müncheberg d. AdL, Eberswalde-Finow 1983.

Anschrift des Verfassers:

Prof. Dr. GÜNTER HAASE
Institut für Geographie und Geoökologie der AdW der DDR,
Georgi-Dimitroff-Platz 1
DDR-7010 Leipzig

Zusammenhänge zwischen Innovationsprozessen und Standortverteilung der Produktivkräfte

JOACHIM HEINZMANN

Der wissenschaftlich-technische Fortschritt vollzieht sich heute weltweit in einer unüberschaubaren Vielfalt von Einzelaktivitäten, die alle Bereiche des gesellschaftlichen Lebens nachhaltig berühren. Probleme der Prognose und der Bewertung der ökonomischen, sozialen und ökologischen Wirkungen des wissenschaftlich-technischen Fortschritts treten zunehmend in das Zentrum der internationalen wissenschaftlichen und wissenschaftspolitischen Diskussion. Als Beispiele dafür seien nur genannt die UN-Conference on Technology and Development (UNCSTD) 1979 in Wien oder das durch die Akademie der Wissenschaften der UdSSR zu erarbeitende Programm des wissenschaftlich-technischen Fortschritts und seiner sozialökonomischen Wirkungen bis zum Jahre 2000.

Wesentliche Wechselbeziehungen bestehen zwischen den Innovationsprozessen und der territorialen Differenziertheit ihrer ökonomischen, sozialen und ökologischen Wirkungen. Jede Innovation, jede technische und technologische Neuerung bewirkt Veränderungen in oder stellt Anforderungen an die territoriale Struktur der gesellschaftlichen Reproduktion. Die Art und der Grad dieser Wirkungen wird einerseits bestimmt von der Art der Innovation, andererseits aber zugleich durch regionale Besonderheiten modifiziert. Es ist nicht zu erwarten, daß diese oder jene Innovation eine eindeutig determinierte und für alle Regionen zutreffende Wirkung auf die Territorialstruktur auslösen wird. Vielmehr sind die innere Vielgestaltigkeit des wissenschaftlich-technischen Fortschritts sowie die Individualität jeder territorialen Strukturerscheinung der Grund dafür, daß Einschätzungen zu den territorialen Wirkungen und Anforderungen von Innovationen stets nur Tendenzcharakter tragen können. Ihre Umsetzung in Leitungs- und Planungsentscheidungen bedarf in jedem Falle der objektbezogenen konkreten Einzeluntersuchung. Hierin ist offensichtlich auch ein Spezifikum der Ergebnisüberführung regionaler Forschungen in den Prozeß der Leitung und Planung zu sehen. Die Forschungsergebnisse tragen Tendenzcharakter und beinhalten Prinziplösungen.

Innovationen stellen nach MAIER (1979, S. 1) den „... Prozeß der Schöpfung, Entwicklung, Anwendung und Ausbreitung eines neuen Produktes oder Verfahrens für einen neuen oder bereits identifizierten Bedarf" dar (Übers. aus d. Engl. von J. H.). Bei ihrer volkswirtschaftlichen Umsetzung geht es stets um die Einordnung von Neuem in Altes. Als eine Grundvoraussetzung zur Sicherung einer dynamischen Entwicklung und der damit verbundenen Elastizität im Reagieren erweist sich das Vorhandensein verfügbarer Reserven. Das trifft im vollen Umfang auch auf die territorialen Ressourcen zur standörtlichen Einordnung von Innovationen zu. Die Gewährleistung einer hohen Ausbreitungsgeschwindigkeit der Innovationen in der territorialen Dimension erfordert:

- die Bereitstellung territorialer Ressourcen nach Quantität und Qualität, nach standörtlicher und zeitlicher Verfügbarkeit,

— eine hohe Rationalität der territorialen Organisation der Produktion (Konzentration, Kombination, Kooperation und Spezialisierung),
— eine flexibel nutzbare infrastrukturelle Grundausstattung,
— ein qualifiziertes und mobiles geistig-schöpferisches Potential der Werktätigen.

Dieser Differenziertheit in den territorialen Anforderungen und Auswirkungen der Innovationen muß der volkswirtschaftliche Leitungs- und Planungsprozeß zunehmend Rechnung tragen.

Innovationen als dominierende Standortfaktoren

Eine wichtige Seite der Qualifizierung der sozialistischen Leitung und Planung ist darin zu sehen, bereits in einer sehr frühen Phase der Herausbildung von Neuerungsprozessen deren territoriale Wirksamkeit in ökonomischer, sozialer und ökologischer Hinsicht einzuschätzen. Daraus können Ableitungen getroffen werden, inwieweit sie sich an gegebenen Standorten der Produktion einordnen lassen oder ob tiefgreifende Veränderungen in der Grundstruktur der Standortverteilung der Produktion damit verbunden sind. In der inzwischen recht umfangreich angewachsenen Literatur zur Innovationsforschung werden territoriale Aspekte bisher nur in wenigen Fällen in die Betrachtung einbezogen.

Einen möglichen Ansatz für eine Bewertung territorialer Konsequenzen aus Neuerungsprozessen als Basis für Leitungs- und Planungsentscheidungen bietet die von Haustein/Maier (1979) vorgelegte Typisierung von Innovationen in größere, mittlere und kleinere Basisinnovationen und in sehr bedeutende, normale und kleine Verbesserungsinnovationen mit ihrem differenzierten Anteil an Grundlagen- und Anwendungsforschung und ihrer unterschiedlichen Wirkungsbreite auf ihr Anwendungsfeld und das Produktionssystem. Diesen Typen sind zweifellos nach Qualität und Quantität differenzierte Wirkungen auf das System der Standortverteilung der Produktivkräfte bzw. auf die territorialen Strukturbedingungen an ihrem Einsatzstandort zuordenbar. In Tabelle 1 sind beispielhaft einige potentielle Standortwirksamkeiten zusammengestellt. Es sind aber noch erhebliche empirische Untersuchungen erforderlich, um derartige Zusammenhänge weiter aufzuklären und in den langfristigen territorialen und zweiglichen Entwicklungskonzeptionen sowie volkswirtschaftlichen Bilanzen die effektive territoriale Einordnung von Innovationen berücksichtigen zu können.

Tiefgreifende Veränderungen in der territorialen Grundstruktur der Standortverteilung der Produktion gehen von den Basisinnovationen aus. Für die leitungsmäßige Beherrschung, beispielsweise auch für die Ausarbeitung der Generalschemata der Standortverteilung der Produktivkräfte, ist aber die dialektische Einheit revolutionärer und evolutionärer Elemente der Neuerungsprozesse von eminenter Bedeutung. Die Mehrheit wissenschaftlich-technischer Neuerungen trägt evolutionären Charakter, sind Verbesserungsinnovationen, die in der Regel in das bestehende System der Produktionsstandorte harmonisch eingefügt werden müssen. Auf diese Weise vollzieht sich eine ständige qualitative Vervollkommnung und Effektivitätserhöhung in der Standortverteilung der Industrie. Dadurch gewinnen lokale, regionale und überregionale Standortkomplexe einerseits an Stabilität, erfordern andererseits aber zugleich Flexibilität, um die qualitativ neuen Standortanforderungen an diesen gegebenen Standorten selbst ausgleichen zu können.

Tabelle 1. Standortwirksamkeit von Innovationstypen

Typ der Innovation	Wirkung auf Produktionssystem	Beispiele	Tendenzielle Standortauswirkungen (Beispiele)
Größere Basisinnovation	Veränderung des gesamten Produktionssystems	Nutzung der Mikroelektronik; neue Energiesysteme	Potentielle Möglichkeiten für Veränderungen in der Grundstruktur der Standortverteilung der Produktion und zur Vertiefung der territorialen Arbeitsteilung — Völlige Umprofilierung ganzer Industriebereiche an gegebenen Standorten und/oder Standortneugründungen zur Herausbildung eines neuen Produktionszweiges — qualitativ neue Standortanforderungen in den Anwenderbereichen mit neuer Standortorientierung
Mittlere Basisinnovation	...	...	...
Kleinere Basisinnovation	Herausbildung neuer Industriezweige	Nutzung der „Schnellen Brüter"	Potentielle Möglichkeiten zur Rationalisierung und Umprofilierung ganzer Industriezweige, besonders Veränderungen der territorialen Spezialisierung und Konzentration; qualitativ neue Relationen im System Standortanforderungen — Standortbedingungen.
Sehr bedeutende Verbesserungsinnovationen	Neue Erzeugnisgruppen	Einführung der Kunstfaser in der Textilindustrie	Produktionsumstellungen an bestehenden Betriebsstandorten mit Auswirkungen auf Bereitstellung territorialer Ressourcen. Große Möglichkeiten für territoriale Rationalisierung.
Bedeutende Verbesserungsinnovationen	...	...	...
Normale Verbesserungsinnovationen	Verbesserte Produktionsprozesse		Geringe Standortwirksamkeit. Lokale Modifikationen im System Standortanforderungen — Standortbedingungen
Kleine Verbesserungsinnovationen	Geringe Verbesserungen		Geringe Standortwirksamkeit. Lokale Modifikationen im System Standortanforderungen — Standortbedingungen

Basisinnovationen können zu revolutionären Veränderungen in den territorialen Grundstrukturen der Standortverteilung der Produktion führen, sie setzen sich aber in der Regel ebenfalls in einem evolutionären Prozeß durch. Das liegt in der Stabilität der Produktionsstandorte, der Bindung des Produktionsprozesses an langlebige bauliche Grundfonds und infrastrukturelle Einrichtungen sowie in den vielfältigen funktionalen Verflechtungen mit anderen Elementen der Territorialstruktur begründet. Für die Methodologie der langfristigen Planung der Standortverteilung der Produktivkräfte ist es notwendig, die zu erwartenden und anzustrebenden revolutionären Veränderungen herauszuarbeiten, um sie in harmonische Übereinstimmung mit der intensiven Nutzung und Effektivitätserhöhung der gegebenen Territorialstruktur zu bringen. Diese Zusammenhänge erfordern eine Bewertung der territorialen Strukturen hinsichtlich ihrer Aufnahmefähigkeit für Innovationen.

Ein Beispiel soll die Notwendigkeit einer derartigen Neubewertung territorialer Strukturen demonstrieren. Wir sind gegenwärtig Zeuge vielfältiger technischer Neuerungen im Verkehrs- und Transportwesen mit Auswirkungen auf die langfristige Gestaltung der Verkehrsinfrastruktur. Damit verbunden sind wiederum neuartige Impulse für die Standortverteilung der Produktion. In der Vergangenheit waren die Knoten innerhalb des Verkehrsnetzes die eindeutig bevorzugten Lokalisationszentren der industriellen Entwicklung. In den letzten Jahren verstärkt sich eine allgemeine Tendenz der Kanalisierung und Bündelung verschiedener Verkehrs- und Kommunikationsadern zu gemeinsamen Trassenkorridoren. Autobahnen, Straßen, Eisenbahnlinien, Energiefernleitungen, Pipelines und andere technische Infrastrukturanlagen werden bevorzugt gebündelt in parallelen Trassen geführt. Außer den dadurch gegebenen erweiterten Möglichkeiten für eine territoriale Investitionskoordinierung bieten sich neue Ansatzpunkte für die Lokalisierung und volkswirtschaftliche Bewertung von Industriestandorten. So weist u. a. Lappo (1979) für die UdSSR und andere sozialistische Länder nach, daß in der Territorialstruktur der Wirtschaft hochentwickelter Gebiete die Bedeutung ökonomischer Lineamente zunimmt. Das bezieht sich nicht nur auf solche von der Natur vorgezeichneten linienhafte Elemente der Territorialstruktur entlang von Gebirgsrändern, Meeresküsten oder Flußläufen, sondern vor allem auch auf die planmäßige Anlage infrastruktureller Magistralen zwischen großen Städten. Potentiell erweitert sich damit die Variationsbreite der territorialen Arbeitsteilung zwischen Gebieten und deren städtischen Zentren. Es bilden sich neue territoriale Strukturformen heraus, die als Standortfaktoren der Produktionsentwicklung, der möglichen Erschließung territorialbedingter Effektivitätsreserven, einer neuen volkswirtschaftlichen Bewertung zu unterziehen sind. Es wird damit die Frage aufgeworfen, ob nicht durch eine zielgerichtete Konzentration von Kommunikationsströmen regionale Struktureffekte erzielt werden können, die einerseits wirtschaftliche Impulse für die Entwicklung bisher zwischen großen Zentren gelegener Gebiete auslösen, zugleich aber auch gewisse Entlastungen hochkonzentrierter Ballungskerne bieten könnten.

Effektive Standortbedingungen für die Entstehung und territoriale Ausbreitung von Innovationen

Die spezifischen, ökonomischen, demographischen, sozialen, ökologischen Bedingungen in den Gebieten bzw. an einzelnen Standorten bieten unterschiedliche Voraussetzungen für das Entstehen und für die Anwendung von Innovationen. Eine zielgerichtete und planmäßige Gestaltung vorteilhafter territorialer Strukturbedingungen für diese Neuerungsprozesse ist daher von hoher volkswirtschaftlicher Relevanz.

So sind z. B. aus einer sinnvollen nahräumlichen Kooperation zwischen Standorteinheiten der Forschung und Entwicklung und der Produktion erhebliche volkswirtschaftliche Effekte zu erwarten. Unter dem Aspekt der Minimierung des Zeitaufwandes zur Realisierung des Zyklus' Forschung — Technik — Produktion wird nach neuen Organisationsformen der regionalen Kombination von Wissenschaft und Produktion gesucht. So ist z. B. in der UdSSR die Einbeziehung wissenschaftlicher Forschungs- und Ausbildungskapazitäten in die Planung territorialer Produktionskomplexe als eine solche Art qualitativ neuer Stufe der territorialen Vereinigung von Wissenschaft und Produktion zu bewerten. Regionale Systeme der Leitung des wissenschaftlich-technischen Fortschritts sind im Aufbau. Die Gestaltung von science parks in einigen kapitalistischen Ländern sind als Versuch zu sehen, durch das Zusammenwirken von Konzernen, Universitäten und Kommunen vorteilhafte regionale Bedingungen für die Entwicklungen von Innovationszentren zu schaffen. Akademie-Industrie-Komplexe, territorial organisierte Wissenschaftskooperationsräte, technisch-analytische Zentren sind in der DDR Organisationsformen der Zusammenarbeit von Forschung und Industrie. Es muß wohl als eine weiter andauernde Tendenz angesehen werden, Funktionsbereiche der Leitung und Planung großer Industrieunternehmen, der Forschung, Entwicklung und Konstruktion vorrangig in den Großstädten und ihrer Umlandzone zu lokalisieren, um damit erschließbare Fühlungsvorteile in ökonomische Effektivität umsetzen zu können. Dieser Fühlungsvorteil umschließt u. a. hohe Informationsdichte, große Kontaktintensität und hohe Adaptionsgeschwindigkeit.

In der industriellen Produktionsstruktur der DDR haben sich seit Ende der 70er Jahre mit der durchgreifenden Bildung von Industriekombinaten grundlegende Veränderungen vollzogen, die nicht nur zur Vervollkommnung der Leitung und Planung geführt haben, sondern zugleich von hoher standörtlicher Relevanz sind. Es haben sich qualitativ neue Merkmale der Standortverteilung der Industrie herausgebildet. Die Standorte der Kombinatsleitungen und die Tendenz der zunehmenden nahräumlichen Verflechtungsbeziehungen zu den Stammbetrieben und wissenschaftlich-technischen Zentren der Kombinate werden sich langfristig zu stabilen territorialen Strukturelementen entwickeln, von denen entscheidende Innovationen für die Leistungsentwicklung der Volkswirtschaft ausgehen. Die derzeitige Standortverteilung der Kombinatsleitungen, Stammbetriebe und wissenschaftlich-technischen Zentren nutzt einerseits die historisch entstandenen Standortvorzüge der industriellen Ballungsgebiete, zeigt andererseits aber eine ungleichmäßige Verteilung im Territorium (s. Tab. 2).

70% der zentralgeleiteten Kombinate haben ihren Sitz in den Bezirksstädten und deren Umlandzone. Die Wirkung des Standortfaktors Führungsvorteil ist dabei deutlich spürbar auch in einer wachsenden nahräumlichen Kombination von Wissenschaft und Produktion. Die industriellen Ballungsgebiete der DDR sind weitgehend identisch mit den territorialen Zentren der Wissenschaft. Die Vorteile wurden bei der Kombinatsbildung weitgehend genutzt, um den Grad regionaler Kombination von Forschung, Entwicklung und Produktion zu erhöhen. Es ergibt sich daraus aber auch die Notwendigkeit, der regionalen Entwicklungsplanung städtischer Agglomerationen ein hohes Gewicht beizumessen. Besonders für Städte mit einem hohen Konzentrationsgrad von Leitungs- und Planungsorganen der Industrie sowie wissenschaftlicher und wissen-

Tabelle 2. Konzentration der Kombinate (Stammbetriebe) und der Forschungs- und Entwicklungskapazitäten in den Ballungsbezirken der DDR (1981)

Bezirk	Anzahl der Industriekombinate		Anteil an den in Forschung und Entwicklung Beschäftigten der DDR	
			insgesamt	darunter in der Industrie
	absolut	%	%	%
Berlin	14	10,1	20,5	10,2
Halle	15	11,5	12,0	17,0
Leipzig	20	15,3	9,0	10,0
Dresden	14	10,1	16,0	16,5
Karl-Marx-Stadt	16	12,3	10,0	11,0
Ballungsbezirke	79	59,3	67,5	64,7

Quelle: Kehrer, 1982, S. 213

schaftlich-technischer Einrichtungen sollten territoriale Entwicklungskonzentrationen erarbeitet werden, in denen speziell den nahräumlichen informationellen Verflechtungsbeziehungen im System Wissenschaft—Produktion Aufmerksamkeit zu widmen wäre. Andererseits sind in einer Reihe von Bezirks- und industriellen Großstädten keine bzw. nur wenige Kombinatsleitungen lokalisiert (z. B. Zwickau, Gera, Potsdam, Frankfurt/Oder, Neubrandenburg), obwohl sie über spezifische potentielle Ressourcen als Leitungs- und Planungs- bzw. als Innovationszentrum verfügen. In den städtischen Agglomerationsgebieten, in denen sich Forschungs- und Entwicklungspotentiale der Akademien der Wissenschaften, der Hoch- und Fachschulen und der Industriezweige befinden, bieten sich vorteilhafte Bedingungen für ihre zwischenzweigliche Verflechtung, für ein rationelles Entstehen von Innovationen und ihre zweigliche und territoriale Ausbreitung. Diese regionalen Strukturvorteile planmäßig zu erschließen erfordert tiefergehende Forschungen zur Rolle und zur inneren Struktur regionaler Innovationszentren im Rahmen der Vervollkommnung der Standortverteilung der Industrie.

Literatur

Haustein, H.-D., und H. Maier: Basic, Improvement and Pseudo-Innovations and their Impact on Efficiency. IIASA, WP-79-96, Laxenburg 1979.

Haustein, H.-D., u. H. Maier: Innovation and Efficiency, Options. A IIASA News Report 1979/4, S. 5—7.

Heinzmann, J.: Territoriale Wirkungsbedingungen des wissenschaftlich-technischen Fortschritts für die Standortverteilung der Industrie — eine theoretische Problemstudie. Diss. (B), Leipzig 1981.

Heinzmann, J.: Neuere Tendenzen in der Industrieentwicklung der DDR und ihre regionalen Wirkungen. In: „Raumstruktur und Flächennutzung — Stand und Perspektiven". ÖIR-Forum, Schriftenreihe des Österr. Inst. f. Raumplanung, Reihe B, Bd. 9, Wien 1984.

Kehrer, G.: Neue Erkenntnisse über die Wirkung von Standortfaktoren. In: Ztschr. f. d. Erdkundeunterricht, Berlin **34** (1982) 6.

LAPPO, G. M.: Ekonomiceskie linii v territorial'noj strukture ohozjajstva. Razmescenlie chozjajstva i naucno-techniceskaja revoljucija. Voprosy Geografii, 112 (1979), S. 60—75.
MAIER, H.: New Problems and Opportunities of Government Innovation Policy and Firm Strategy. IIASA WP-79-126, Laxenburg 1979, 42 S.

Anschrift des Verfassers:
Prof. JOACHIM HEINZMANN
Institut für Geographie und Geoökologie der AdW der DDR
Georgi-Dimitroff-Platz 1
DDR-7010 Leipzig